Adobe PremierePro CC 课堂实录

黄浣尘 主 编

清华大学出版社
北京

内 容 简 介

本书以 Premiere 软件为载体，以知识应用为中心，对视频后期处理知识进行了全面阐述。书中每个实例都给出了详细的操作步骤，同时还对操作过程中的设计技巧进行了描述。

全书共 11 章，遵循由浅入深、循序渐进的思路，依次对影视后期入门知识、专业术语、相关软件协同应用、Premiere 的基础操作、视频剪辑基本操作、视频过渡效果应用、字幕设计、视频特效、音频剪辑、项目输出等内容进行了详细讲解。最后通过制作故障视频、水墨风宣传片、纪录片片头等综合案例，对前面所介绍的知识进行了综合应用，以达到举一反三、学以致用的目的。

本书结构合理、思路清晰、内容丰富、语言简练、解说详略得当，既有鲜明的基础性，也有很强的实用性。

本书既可作为高等院校相关专业的教学用书，又可作为影视制作爱好者的学习用书，同时也可作为社会各类 Premiere 软件培训机构的首选教材。

图书在版编目(CIP)数据

Adobe PremierePro CC课堂实录 / 黄浣尘主编. —北京：清华大学出版社，2021.6
ISBN 978-7-302-57854-3

Ⅰ.①A… Ⅱ.①黄… Ⅲ.①视频编辑软件 Ⅳ.①TN94

中国版本图书馆CIP数据核字（2021）第056975号

责任编辑：李玉茹
封面设计：杨玉兰
责任校对：鲁海涛
责任印制：杨 艳

出版发行：清华大学出版社
    网　　址：http://www.tup.com.cn，http://www.wqbook.com
    地　　址：北京清华大学学研大厦A座　　　　　邮　　编：100084
    社 总 机：010-62770175　　　　　　　　　　邮　　购：010-62786544
    投稿与读者服务：010-62776969，c-service@tup.tsinghua.edu.cn
    质量反馈：010-62772015，zhiliang@tup.tsinghua.edu.cn
印 装 者：三河市龙大印装有限公司
经　　销：全国新华书店
开　　本：200mm×260mm　　　　印　　张：14.5　字　　数：358千字
版　　次：2021年6月第1版　　　　印　　次：2021年6月第1次印刷
定　　价：79.00 元

产品编号：091189-01

序　言

数字艺术设计是指通过数字化手段和数字工具实现创意和艺术创作的全新职业技能，全面应用于文化创意、新闻出版、艺术设计等相关领域，并覆盖移动互联网应用、传媒娱乐、制造业、建筑业、电子商务等行业。

ACAA意为联合数字创意和设计相关领域的国际厂商、龙头企业、专业机构和院校，为数字创意领域人才培养提供最前沿的国际技术资源和支持，是中国教育发展战略学会教育认证专业委员会常务理事单位。

ACAA二十年来始终致力于数字创意领域，在国内率先创建数字创意领域数字艺术设计技能等级标准，填补该领域空白，依据职业教育国际合作项目成立"设计类专业国际化课改办公室"，积极参与"学历证书+若干职业技能等级证书"相关工作，目前是Autodesk中国教育管理中心。

ACAA在数字创意相关领域具有显著的品牌辨识度和影响力，并享有独立的自主知识产权，先后为Apple、Adobe、Autodesk、Sun、Redhat、Unity、Corel等国际软件公司提供认证考试和教育培训标准化方案，经过二十年市场检验，获得充分肯定。

二十年来，通过ACAA数字艺术设计培训和认证的学员，有些已成功创业，有些成为企业骨干力量。众多考生通过ACAA数字艺术设计师资格，或实现入职，或实现加薪、升职；企业还可以通过高级设计师资格完成资质备案，来提升企业竞标成功率。

ACAA系列教材旨在为院校和学习者提供更为科学、严谨的学习资源，我们致力于把最前沿的技术和最实用的职业技能评测方案提供给院校和学习者，促进院校教学改革，提升教学质量，助力产教融合，帮助学习者掌握新技能，强化职业竞争力，助推学习者的职业发展。

ACAA教育/Autodesk中国教育管理中心
（设计类专业国际化课改办公室）

主任　王　东

Preface
前　言

本书内容概要

    Premiere 是 Adobe 公司推出的一款视频编辑软件，具有剪辑合成、特效制作和视频输入与输出等功能，被广泛地应用于短视频、广告、影视剧等领域。本书从软件的基础知识讲起，循序渐进地对软件功能进行全面论述，让读者充分熟悉软件的各大功能。同时，结合各领域的实际应用，进行实例展示和制作，并对行业相关知识进行深度剖析，以辅助读者完成各项视频处理工作。每个章节结尾处，都安排有针对性的课后作业，以实现学习成果的自我检验。本书分为 3 大篇共 11 章，其主要内容如下。

篇	章节	内容概述
学习准备篇	第 1 章	主要讲解了影视后期的基础知识、Premiere 软件的应用领域和工作界面、视频的专业术语和相关软件协同应用
理论知识篇	第 2 ～ 8 章	主要讲解了 Premiere 的基础操作、视频剪辑基本操作、视频过渡效果应用、字幕设计、视频特效、音频剪辑、项目输出
综合实战篇	第 9 ～ 11 章	主要讲解了视频特效、中式宣传片、纪录片片头等设计案例的制作

系列图书一览

本系列图书既注重单个软件的实操应用，又看重多个软件的协同办公，以"理论＋实操"为创作模式，向读者全面阐述了各软件在设计领域中的强大功能。在讲解过程中，结合各领域的实际应用，对相关的行业知识进行了深度剖析，以辅助读者完成各种类型的设计工作。正所谓要"授人以渔"，通过本系列图书，读者不仅可以掌握这些设计软件的使用方法，还能利用它们独立完成作品的创作。本系列图书包含以下图书作品：

★ 《Adobe Premiere Pro CC 课堂实录》
★ 《Adobe After Effects CC 课堂实录》
★ 《Adobe Photoshop CC 课堂实录》
★ 《Adobe Illustrator CC 课堂实录》
★ 《Adobe InDesign CC 课堂实录》
★ 《Adobe Dreamweaver CC 课堂实录》
★ 《Adobe Animate CC 课堂实录》
★ 《Photoshop CC＋Illustrator CC 插画设计课堂实录》
★ 《Premiere Pro CC+After Effects CC 视频剪辑课堂实录》
★ 《Photoshop+Illustrator+InDesign 平面设计课堂实录》
★ 《Photoshop+Animate+Dreamweaver 网页设计课堂实录》
★ 《HTML 5+CSS 3 前端体验设计课堂实录》
★ 《Web 前端开发课堂实录（HTML 5+CSS 3+JavaScript）》

配套资源获取方式

本书由黄浣尘（华南师范大学）编写，在写作过程中始终坚持严谨、细致的态度，力求精益求精。但由于时间有限，书中难免有疏漏之处，希望读者批评、指正。

本书配套资源，扫描以下二维码获取。

编　者

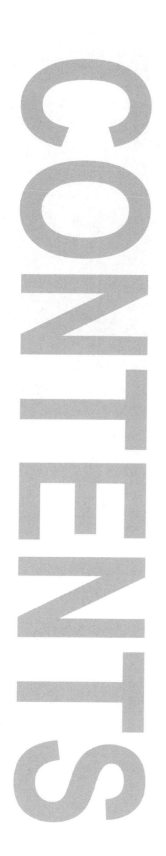

CONTENTS
目 录

学习准备篇

理论知识篇

第 2 章
Premiere Pro 入门必学

第 3 章
视频剪辑基本操作

Adobe PremierePro CC 课堂实录

第 4 章
视频过渡效果应用

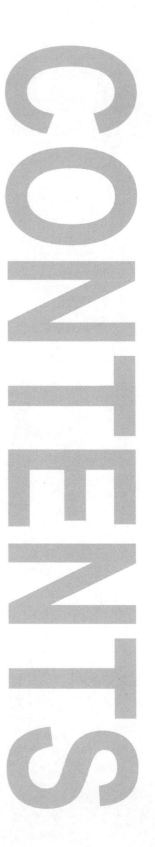

第5章
字幕设计

第6章
视频特效

Adobe PremierePro CC　课堂实录

第 7 章
音频剪辑

目

录

第 8 章

项目输出

综合实战篇

第 9 章

制作视频故障效果

CONTENTS

目　录

学习准备篇

Study Preparation

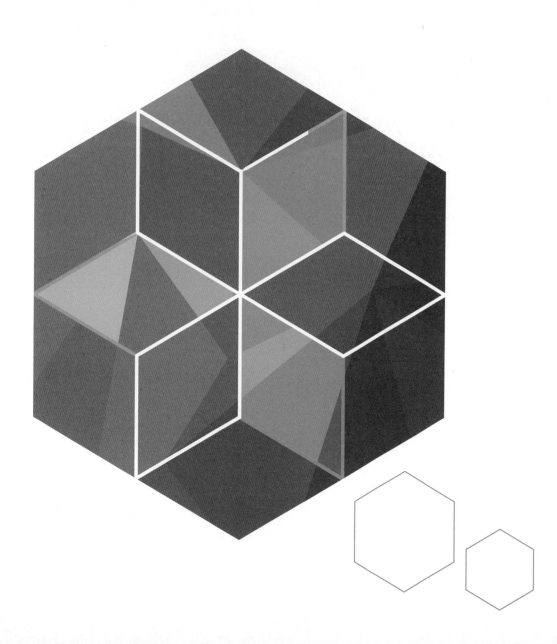

第〈1〉章

影视后期制作学前热身

内容导读

影视后期是一项以视觉传达设计理念为基础，对素材文件进行编辑合成的技术。在整个影片制作过程中，影视后期具有非常重要的地位，它可以整合前期制作的素材，提高影片质量与效果。本章将针对影视后期制作的相关知识进行讲解。

学习目标

» 了解影视后期的相关知识

» 了解一些视频软件

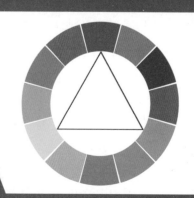

1.1 影视后期的制作流程

影视后期制作就是指对拍摄完的影片进行后期的处理，使其形成完整的影片。影视后期的制作流程大致分为剪辑、特效、音乐、合成等步骤。

1. 剪辑

影片的剪辑又分为粗剪和精剪两种。粗剪即对素材进行整理，使素材按脚本的顺序进行拼接，形成一个包括内容情节的影片。精剪就是对粗剪影片的进一步加工，修改粗剪视频中效果不好的部分，然后加上一部分特效，完成画面的工作。

2. 特效

特效是影视后期中比较重要的步骤，它可以完善精剪影片中效果不好或未拍到的部分，也可以制作一些具有强烈视觉冲击力的画面效果。与三维软件结合，可以制作出一些超越现实的作品。

3. 音乐

音乐可以增强画面的效果，揭示影片的内容与主题。

4. 合成

结束以上步骤后，就可以将所有元素合成在一起，输出完整的影片。

1.2 熟悉常用术语

在学习使用 Premiere 软件之前，读者应先掌握影视后期制作过程中常见术语的概念和意义，以便更好地掌握影视后期制作技术。

1. 帧

人们在电视中看到的活动画面，其实都是由一系列的单个图片构成的，相邻图片之间的差别很小。这些图片高速连贯起来，就成为活动的画面，其中的每一幅就是一帧。

2. 帧速率

帧速率就是视频播放时每秒渲染生成的帧数，数值越大，播放越流畅。电影的帧速率是 24 帧 / 秒；PAL 制式的电视系统帧速率是 25 帧 / 秒；NTSC 制式的电视系统帧速率是 29.97 帧 / 每秒。由于技术的原因，NTSC 制式在时间码与实际播放时间之间有 0.1% 的误差，达不到 30 帧 / 秒，为了解决这个问题，NTSC 制式中设计有掉帧格式，这样就可以保证时间码与实际播放时间一致。

3. 帧尺寸

帧尺寸就是形象化的分辨率，是指图像的长度和宽度。PAL 制式的电视系统帧尺寸一般为 720×576，NTSC 制式的电视系统帧尺寸一般为 720×480，HDV 的帧尺寸则是 1280×720 或者 1440×1280。

4. 关键帧

关键帧是编辑动画和处理特效的核心技术，记载着动画或特效的特征及参数，关键帧之间的画面参数则是由计算机自动运行并添加的。

5.场

场是电视系统中的另一个概念。交错视频的每一帧由两个场构成,被称为"上"扫描场和"下"扫描场,或奇场和偶场,这些场按顺序显示在 NTSC 或 PAL 制式的监视器上,能够产生高质量的平滑图像。

场以水平线分隔的方式保存帧的内容,在显示时先出现第一个场的交错间隔内容,然后再使用第二个场来填充第一个场留下的缝隙。也就是说,一帧画面是由两场扫描完成的。

6.时间码

时间码是影视后期编辑和特效处理中视频的时间标准。通常,时间码是用于识别和记录视频数据流中的每一帧,以便在编辑和广播中进行控制。根据动画和电视工程师协会使用的时间码标准,其格式为"小时:分钟:秒:帧"。

7.纵横比

纵横比是指画面的宽高比,一般使用 4 ：3 或 16 ：9 的比例。如果是计算机中使用的图形图像数据,像素的纵横比是一个正方形形态;NTSC 制式的电视系统是由 486 条扫描线和每条扫描线 720 个取样构成。

电影、SDTV 和 HDTV 具有不同的纵横比格式。SDTV 的纵横比是 4 ：3 或比值为 1.33;HDTV 和 EDTV(扩展清晰度电视)的纵横比是 16 ：9 或比值为 1.78;电影的纵横比值从早期的 1.333 已经发展到宽银幕的 2.77。

8.像素

像素是指形成图像的最小单元。如果把图像不断放大,就会看到图像是由很多小正方形构成的。像素具有颜色信息,可以用"位"来度量。例如,1 位可以表现黑白两种颜色,2 位则可以表示 4 种颜色;通常所说的 24 位视频,是指具有 16777216 个颜色信息的视频。

1.3 色彩基础知识

色彩是设计中最重要、最有表现力的元素之一。合理运用色彩,可以引起观者的审美愉悦,创造幻觉空间的效果。本小节将针对色彩属性、基础配色知识、色彩平衡等方面对色彩进行介绍。

1.3.1 色彩属性

色相、明度、纯度(饱和度)三种元素构成了色彩,下面将针对这三种元素进行介绍。

1.色相

色相即各类色彩的相貌名称,如红、黄、蓝等,它是区分色彩的主要依据,是有彩色的最大特征。如图 1-1、图 1-2 所示分别为十二色相环和二十四色相环。

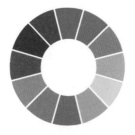

图 1-1

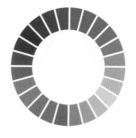

图 1-2

2. 明度

明度指色彩的明暗差别，也指色彩亮度。色彩的明度有两种情况：一是同一色相不同明度，如天蓝、蓝、深蓝，都是蓝，但一种比一种深。二是各种颜色的不同明度，每一种纯色都有与其相应的明度，其中，白色明度最高，黑色明度最低，红、灰、绿、蓝色为中间明度。

色彩从白到黑排列，靠近亮端的称为高调，靠近暗端的称为低调，中间部分为中调。如图1-3所示为明度尺。

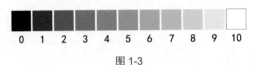

图 1-3

其中低调是以深色系 1 ～ 3 级为主调，称为低明度基调，具有沉静、厚重、迟钝、沉闷的感觉；中调是以中色系 4 ～ 6 级为主调，称为中明度基调，具有柔和、甜美、稳定、舒适的感觉；高调是以浅色系 7 ～ 9 级为主调，称为高明度基调，具有优雅、明亮、轻松、寒冷的感觉。

明度反差大的配色称为长调，明度反差小的配色称为短调，明度反差适中的配色称为中调。

在明度对比中，运用低调、中调、高调和短调、中调、长调进行色彩的搭配组合，构成 9 组明度基调的配色组合，称为"明度九调构成"，分别为高长调、高中调、高短调、中长调、中中调、中短调、低长调、低中调、低短调。

3. 纯度

纯度即各色彩中包含的单种标准色成分的多少，即色彩的鲜艳度。其中红、橙、黄、绿、蓝、紫等的纯度最高，无色彩的黑、白、灰的纯度几乎为零。

不同色相所能达到的纯度是不同的，其中红色纯度最高，绿色纯度相对低些，其余色相居中，如图1-4、图1-5所示为不同纯度的黄色。

图 1-4

图 1-5

■ 1.3.2　基础配色知识

色彩搭配是指对色彩进行搭配，使其呈现更好的视觉效果。本小节将针对原色、互补色、邻近色等一些基础配色知识进行介绍。

1. 原色

不能通过颜色的混合调配出的基本色称为原色。颜料的三原色为红、黄、蓝，所有颜色都可以由原色混合得到。三原色是平均分布在色相环中的，如图1-6所示。

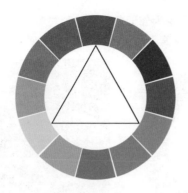

图1-6

2. 冷暖色

色彩学上根据心理感受，把颜色分为暖色调（红、橙、黄）、冷色调（绿、蓝）和中性色调（紫、黑、灰、白）。暖色给人以温暖、热烈的感觉，如图1-7所示；冷色给人凉爽、轻松的感觉，如图1-8所示。

图1-7

图1-8

3. 类似色

色相环中相距60°以内的色彩为类似色，其色相对比差异不大，给人统一、稳定的感觉，如图1-9、图1-10所示。

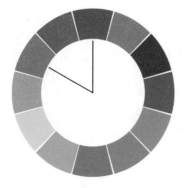

图1-9

图1-10

4. 邻近色

色相环中相距 60°～90° 的色彩为邻近色，如红色与黄橙色、青色与黄绿色等。邻近色色相彼此近似，冷暖性质一致，色调统一和谐，如图 1-11、图 1-12 所示。

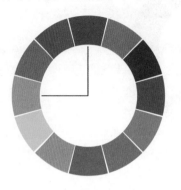

图 1-11

图 1-12

5. 对比色

色相环中夹角为 120° 左右的色彩为对比色关系。这种搭配使画面具有矛盾感，矛盾越鲜明，对比越强烈，如图 1-13、图 1-14 所示。

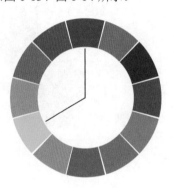

图 1-13

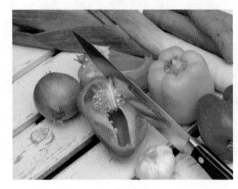

图 1-14

6. 互补色

色相环中相距 180° 的色彩为互补色，如红色与绿色、黄色与紫色、橙色与蓝色等。互补色有强烈的对比度，可以带来震撼的效果，如图 1-15、图 1-16 所示。

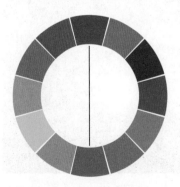

图 1-15

图 1-16

Adobe PremierePro CC 课堂实录

1.3.3 色彩平衡

色彩搭配当中，主色、辅助色和点缀色三种色彩组成了一幅画的所有色彩。通过主色奠定基调，辅助色丰富画面，点缀色引导，可以使整个画面变得美妙。

1．主色

主色，就是最主要的颜色，也就是在色彩中占据面积最多的色彩，约占全部面积的 50% ～ 60%。主色决定画面的风格，传达要表达的信息，辅助色和点缀色都需要围绕着它来进行选择与搭配。

2．辅助色

辅助色的主要目的就是衬托主色，使画面更加丰富，约占全部面积的 30% ～ 40%。

3．点缀色

点缀色的面积虽小，却是画面中最吸引眼球的"点睛之笔"，通常体现在细节处。一幅完美的画面，除了有恰当的主色和辅助色的搭配，还可以添加亮眼的点缀色进行引导。但要注意的是，点缀色并不是必须添加的。

 ## 1.4 常用文件格式

Premiere 支持大部分的视频、音频、图像以及图形文件格式，下面将对常用的文件格式进行介绍。

1.4.1 图像格式

Premiere 软件中常用的图像格式包括以下几种。

◎ BMP：在 Windows 下显示和存储的位图格式，可以简单地分为黑白、16 色、256 色和真彩色等形式。大多采用 RLE 进行压缩。

◎ AI：Adobe Illustrator 的标准文件格式，是一种矢量图形格式。

◎ EPS：封装的 PostScript 语言文件格式，可以包含矢量图形和位图图像，被所有的图形、示意图和页面排版程序所支持。

◎ JPG：静态图像标准压缩格式，支持上百万种颜色，不支持动画。

◎ GIF：8 位（256 色）图像文件，多用于网络传输，支持动画。

◎ PNG：作为 GIF 的免专利替代品，用于在 World Wide Web 上无损压缩和显示图像。与 GIF 不同的是，PNG 格式支持 24 位图像，产生的透明背景没有锯齿边缘。

◎ PSD：Photoshop 的专用存储格式，采用 Adobe 的专用算法，可以很好地配合 After Effects 进行使用。

◎ TGA：Truevision 公司推出的文件格式，是一组由后缀为数字并且按照顺序排列的单帧文件组。被国际上的图形、图像工业广泛接受，已经成为数字化图像、光线追踪和其他应用程序所产生的高质量图像的常用格式。

ACAA课堂笔记

■ 1.4.2 视频格式

以下几种是 Premiere 软件中常用的视频格式。

◎ MP4：它是在 MP3 的基础上发展起来的，其压缩比更大，文件更小，且音质更好，真正达到了 CD 的标准。

◎ AVI：一种不需要专门硬件参与就可以实现大量视频压缩的数字视频压缩格式，是音频与视频数据的混合，音频数据与视频数据交错存放在同一个文件中，是视频编辑中经常用到的文件格式。

◎ MPEG：MPEG 的平均压缩比为 50 ：1，最高可达到 200 ：1，压缩效率非常高；同时图像和声音的质量也很好，并且在 PC 上有统一的标准格式，兼容性好。

◎ WMV：这是一种独立于编码方式的、在 Internet 上能够实时传播的多媒体技术标准。特点是采用 MPEG-4 压缩算法，因此压缩率和图像的质量都很好。

■ 1.4.3 音频格式

下面对 Premiere 软件中常用的音频格式进行介绍。

◎ WAV：Windows 记录声音用的文件格式。

◎ MP3 ：可以说是目前最为流行的音频格式之一，采用 MPEG Audio Layer3 技术，将音乐以 1 ：10 甚至 1 ：12 的压缩率压缩成容量最小的文件，压缩后文件容量只有原来的 1/10 到 1/15，而音色基本不变。

1.5 掌握操作软件

　　影视后期制作分为视频合成和非线性编辑两部分，在编辑与合成的过程中，往往需要用到多个软件，如 Adobe 公司旗下的 After Effects、Premiere、Photoshop 等，以及 Corel 公司旗下的会声会影等。通过综合使用多个软件，可以制作出更绚丽的视频效果。下面将对这些软件进行介绍。

■ 1.5.1 After Effects

　　After Effects 是 Adobe 公司旗下的一款非线性特效制作视频软件，包括影视特效、栏目包装、动态图形设计等功能。该软件主要用于制作特效，可以帮助用户创建动态图形和精彩的视觉效果。与三维软件结合使用，可以使作品呈现出更为酷炫的效果。其动态特效如图 1-17 所示。

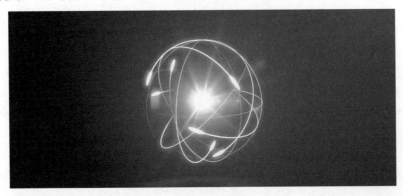

图 1-17

1.5.2　Premiere Pro

Premiere 软件是由 Adobe 公司出品的一款非线性音视频编辑软件，主要用于剪辑视频，同时包括调色、添加字幕、简单特效制作、简单的音频处理等常用功能。

从功能上看，该软件与 Adobe 公司旗下的其他软件兼容性较好，画面质量也较高，因此被广泛应用。经过 Premiere 软件后期调色制作出的画面效果如图 1-18 所示。

图 1-18

1.5.3　会声会影

会声会影是一款功能强大的视频编辑软件，具有图像抓取和编修功能。该软件出自 Corel 公司，操作简单，功能丰富，适合家庭日常使用，相比 EDIUS、Adobe Premiere、Adobe After Effects 等视频处理软件，其在专业性上略逊色。如图 1-19 所示为使用会声会影软件制作的电子相册效果。

图 1-19

■ 1.5.4　Photoshop

　　Photoshop 软件与 After Effects、Premiere 软件同属于 Adobe 公司，是一款专业的图像处理软件。该软件主要处理由像素构成的数字图像。在影视后期制作中，该软件可以与 After Effects、Premiere 软件协同工作，满足日益复杂的视频制作需求。使用 Photoshop 软件制作的图像效果如图 1-20 所示。

图 1-20

1.6　拍摄工具

　　影视中最重要的元素之一就是素材，用户可以通过一些拍摄工具来获取音视频素材。本小节将对一些常见的拍摄工具进行介绍。

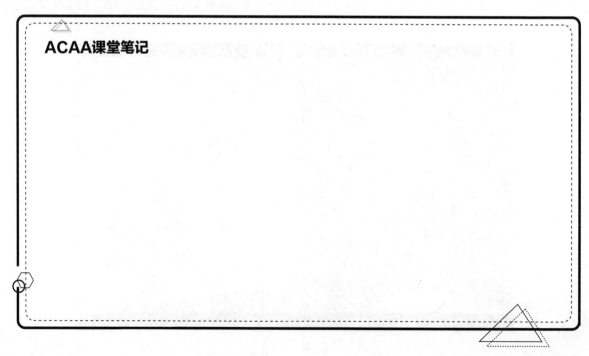

ACAA课堂笔记

■ 1.6.1 单反

单反即指单镜头反光式取景照相机。该款相机取景器中的成像角度与最终出片的角度一致，既可摄影，也可用于取景，搭配不同镜头还可以得到不同的效果。但单反相机一般较为笨重，不便携带，操作上也较为复杂。如图 1-21 所示为佳能 EOS 800D 单反相机。

图 1-21

■ 1.6.2 稳定器

稳定器可以降低因手部不稳而导致的镜头晃动等问题。在日常拍摄过程中，用户可以搭配手机稳定器和手机使用，使拍摄更为方便。如图 1-22 所示为 Ronin SC 如影 SC 单手持微单稳定器。

图 1-22

■ 1.6.3 光学镜头

光学镜头可以影响成像质量的优劣，按照焦距来分有广角、标准、长焦距、微距等多种，在使用时需要根据用途合理选择。如图 1-23 所示为常见的镜头。

图 1-23

■ 1.6.4 麦克风

麦克风可以将声音信号转换为电信号，主要用于音频素材的收集。如图 1-24 所示为森海塞尔 EW 500 FILM G4 便携组合话筒套装。

图 1-24

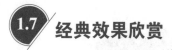

1.7 经典效果欣赏

本小节将展示一些经典的影视后期效果。

（1）粒子系统可以模拟一些其他技术难以实现的体现真实感的游戏图形，如火、云、流星尾迹、发光轨迹等抽象视觉效果。粒子流动效果如图 1-25 所示。

图 1-25

（2）MG动画直译为动态图形或图形动画，简单说就是可以动的图形设计。MG动画效果如图 1-26 所示。

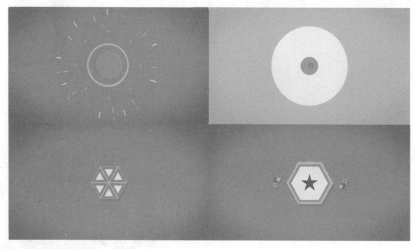

图 1-26

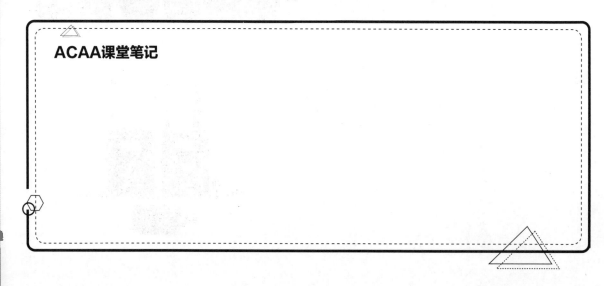

ACAA课堂笔记

Adobe PremierePro CC 课堂实录

课后作业

一、选择题

1. 我国大部分地区使用的电视制式为（　　）。
A. PAL
B. NTSC
C. SECAM
D. D/K

2. PAL 制式的帧速率是（　　）。
A. 24 帧 / 秒
B. 25 帧 / 秒
C. 29.97 帧 / 秒
D. 30 帧 / 秒

3. 下列格式中，不属于视频格式的是（　　）。
A. AVI
B. JPG
C. MP4
D. MOV

4. 关于视频制式的使用，下列描述中（　　）是正确的。
A. 美国、加拿大采用 SECAM 制式
B. 日本采用 PAL 制式
C. 欧洲采用 NTSC 制式
D. 中国采用 PAL 制式

5. 时间码的格式为（　　）。
A. 日 : 小时 : 分钟 : 秒
B. 小时 : 分钟 : 秒 : 厘秒
C. 小时 : 分钟 : 秒 : 帧
D. 小时 : 分钟 : 秒 : 微秒

二、填空题

1. 画面中每秒刷新图片的帧数是指_____。
2. 影视动画中最小的时间单位是_____。
3. PAL 制式的电视系统帧尺寸一般为_____。

三、操作题

1. 了解其他一些影视后期软件。

（1）除了本章正文中介绍的一些影视后期软件，在日常生活中还有许多其他软件供人们使用，请对此进行了解。

（2）操作思路。

◎ Maya：三维设计软件，常用于制作三维动画，需与其他视频后期软件搭配使用。

◎ C4D：三维软件，常与 AE 搭配使用制作特效。学习难度较小，制作速度快。

◎ 达芬奇：专业调色软件。

◎ Adobe Audition：专业音频软件，提供先进的音频混合、编辑、控制和效果处理功能。

2. 素材搜索。

（1）在制作视频时，常常需要用到大量素材。除了自己拍摄、录制的内容，还可以从网上收集更多的素材，如图 1-27、图 1-28 所示。

图 1-27   图 1-28

（2）操作思路。

◎ 常用音频网站：淘声网、耳聆网等。

◎ 常用视频网站：Pexels 等。

◎ 常用图像网站：Pixabay 等。

理论知识篇

Theoretical Knowledge

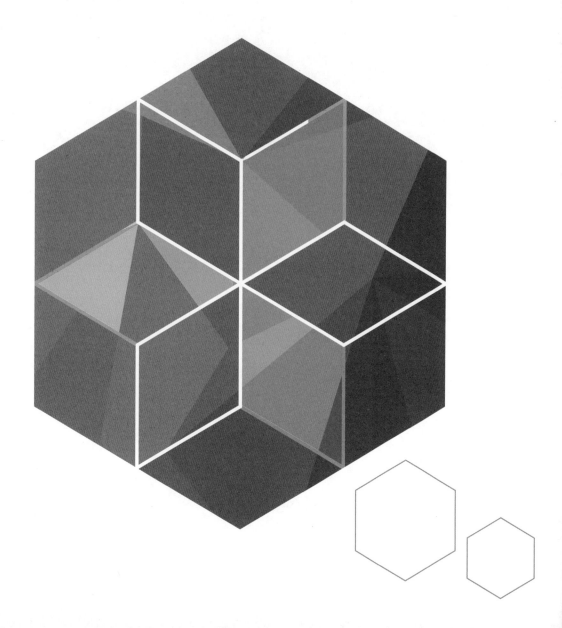

第 2 章

Premiere Pro 入门必学

内容导读

　　Premiere 是一款专业的视频剪辑软件，可以组合和拼接视频段落，并提供简单的特效与调色功能。该软件的功能非常强大，广泛应用于电视栏目包装、微视频制作、宣传片、广告设计、MG 动画等行业。本章将针对 Premiere 软件的一些基础知识进行介绍。

学习目标

　　» 　了解 Premiere 软件的工作界面

　　» 　学会导入与新建素材

　　» 　学会整理素材

2.1 熟悉 Premiere Pro 工作界面

Premiere 软件是由 Adobe 公司推出的一款用于视频剪辑的非线性编辑工具，其默认工作界面中包括多个菜单、面板等，下面将针对 Premiere 软件的工作界面进行介绍。

■ 2.1.1　Premiere 工作界面

Premiere 软件的工作界面主要由菜单栏、"工具"面板、"项目"面板、"时间轴"面板、"源"监视器面板、"节目"监视器面板等多个部分组成，如图 2-1 所示。

图 2-1

其中，Premiere 工作界面中各部分作用如下。

◎ 菜单栏：包括文件、编辑、剪辑、序列、标记、图形、窗口、帮助等菜单选项，每个菜单选项代表一类命令。

◎ "效果控件"面板：用于设置选中素材的视频效果。

◎ "源"监视器面板：用于查看和剪辑原始素材。

◎ "项目"面板：用于素材的存放、导入和管理。

◎ "媒体浏览器"面板：用于查找或浏览硬盘中的媒体素材。

◎ "工具"面板：用于存放可以编辑时间轴面板中素材的工具。

◎ "时间轴"面板：用于编辑媒体素材，是 Premiere 软件中最主要的编辑面板。

◎ "音频仪表"面板：用于显示混合声道输出音量大小。

◎ "节目"监视器面板：用于查看媒体素材编辑合成后的效果，便于用户进行预览及调整。

◎ "效果"面板：用于存放媒体特效效果，包括视频效果、视频过渡、音频效果、音频过渡等。

■ 2.1.2　自定义工作区

在 Premiere 软件中，除了预设的"编辑""效果"等布局外，还可以根据自身习惯对工作界面中的面板进行调整。

1. 打开或关闭面板

单击"窗口"菜单，在弹出的子菜单中执行相应的命令，即可打开对应的面板。单击面板中的"拓展"按钮▤，在弹出的下拉菜单中执行"关闭面板"命令，即可关闭相应的面板。

2. 调整面板布局

单击面板中的"拓展"按钮▤，在弹出的下拉菜单中执行"浮动面板"命令，即可将面板浮动显示；也可以按住 Ctrl 键拖动面板名称，将面板浮动显示；若想固定浮动面板，在浮动面板名称处按住鼠标左键并拖曳至面板、组或窗口的边缘即可。

3. 调整面板大小

当鼠标指针置于面板组交界处时，光标变为▥状，按住鼠标左键进行拖动，即可改变面板组的大小。若鼠标指针位于相邻面板组之间的隔条处，此时光标为▥状，按住鼠标左键拖动可改变该相邻面板组的大小。

■ 2.1.3　首选项设置

通过"首选项"对话框，可以对 Premiere 软件中的一些常规选项、外观等进行设置。执行"编辑"|"首选项"命令，在弹出的子菜单中选择相应的命令，即可打开"首选项"对话框，如图 2-2 所示。

图 2-2

调整完"首选项"对话框中的参数后，若想恢复默认设置，在启动程序时按住 Alt 键至出现启动画面即可。

■ 实例：调整工作界面亮度

下面将利用"首选项"对话框来调整工作界面亮度。

`Step01` 打开 Premiere 软件，新建项目和序列，效果如图 2-3 所示。

`Step02` 执行"编辑"|"首选项"|"外观"命令，打开"首选项"对话框中的"外观"选项卡，拖动"亮度"滑块至最右端，如图 2-4 所示。

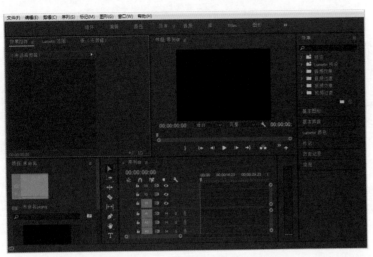

图 2-3

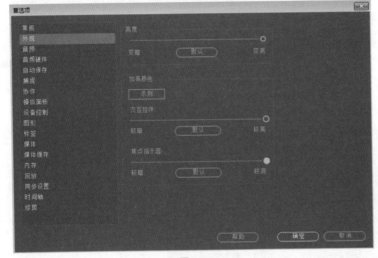

图 2-4

Step03 完成后单击"确定"按钮，应用设置，效果如图 2-5 所示。
至此，完成工作界面亮度的调整。

图 2-5

Adobe PremierePro CC 课堂实录

2.2 素材整理

在使用 Premiere 软件编辑视频的过程中，一般会用到多个素材，通过对素材进行编排与分类，可以帮助用户更方便地应用素材。本小节将对编排归类素材的方法进行介绍。

2.2.1 导入素材

在 Premiere 软件中，用户可以通过基本相同的方式导入视频、音频、图像等多种类型和文件格式的素材，下面将对此进行介绍。

1. 通过"导入"命令导入素材

执行"文件"|"导入"命令或按 Ctrl+I 组合键，打开"导入"对话框，如图 2-6 所示。选中要导入的素材，单击"打开"按钮，即可将选中的素材导入到"项目"面板中。

也可以在"项目"面板空白处右击，在弹出的快捷菜单中选择"导入"命令，如图 2-7 所示。或在"项目"面板空白处双击鼠标左键，打开"导入"对话框，选择需要的素材导入即可。

图 2-6

图 2-7

2. 通过"媒体浏览器"面板导入素材

在"媒体浏览器"面板中找到要导入的素材文件，右击鼠标，在弹出的快捷菜单中选择"导入"命令，即可将选中素材导入至"项目"面板中。

3. 直接拖入外部素材

除了以上导入素材的方式，直接在素材文件夹中选中素材，将其拖曳至"项目"面板或"时间轴"面板中，也可快速导入素材。

> **知识点拨**
>
> 若导入的素材对象在"节目"监视器面板中显示过小，在"时间轴"面板中选中素材，右击鼠标，在弹出的快捷菜单中选择"设为帧大小"命令，即可使选中的素材缩放至满屏显示。如图 2-8、图 2-9 所示分别为执行"设为帧大小"命令的前后效果。

图 2-8

图 2-9

■ 2.2.2 新建素材箱

当 Premiere 软件中存在大量素材时，可以通过建立素材箱整理归类素材文件。

单击"项目"面板下方的"新建素材箱"按钮，新建素材箱并输入合适的名称，选中"项目"面板中的素材并拖曳至素材箱上即可。如图 2-10、图 2-11 所示为新建的素材箱及拖曳素材至素材箱的过程。

图 2-10

图 2-11

■ 2.2.3 重命名素材

将素材文件导入至"项目"面板后，可以对其进行重命名，以便在编辑过程中更易识别。该操作并不会改变其源文件的名称。

ACAA课堂笔记

1. 在"项目"面板中重命名素材

选中"项目"面板中要重新命名的素材，执行"剪辑"|"重命名"命令或双击素材名称，输入新的名称即可。如图 2-12、图 2-13 所示分别为在可编辑状态下的素材名称及修改后的名称。

图 2-12   图 2-13

也可以选中素材后按 Enter 键或右击鼠标，在弹出的快捷菜单中选择"重命名"命令进行重命名。

2. 在"时间轴"面板中重命名素材

若素材文件已经添加到"时间轴"面板中，修改"项目"面板中的素材名称后，"时间轴"面板中的素材名称不会随之改变。

选中"时间轴"面板中的素材，执行"剪辑"|"重命名"命令或右击鼠标，在弹出的快捷菜单中选择"重命名"命令，在弹出的"重命名剪辑"对话框中设置素材名称，即可重命名"时间轴"面板中的素材。

■ 实例：整理素材

本实例将练习整理 Premiere 软件中用到的素材，其中涉及的知识点包括新建素材箱、重命名素材等。

Step01 在文件夹中双击打开本章素材文件"水波纹转场 .prproj"，如图 2-14 所示。

图 2-14

Step02 在"项目"面板中选中素材"01.mp4"，双击素材名称，在可编辑状态下修改素材名称为"车流 01"，如图 2-15 所示。

图 2-15

Step03 使用相同的操作修改素材"02.mp4"的名称为"车流 02"、素材"03.mp4"的名称为"水滴"，效果如图 2-16 所示。

图 2-16

Step04 在"时间轴"面板中修改素材名称与"项目"面板中一致，如图 2-17 所示。

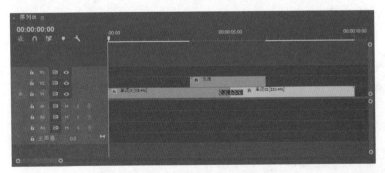

图 2-17

Step05 单击"项目"面板下方的"新建素材箱"按钮，新建素材箱并输入名称，如图 2-18 所示。

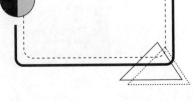

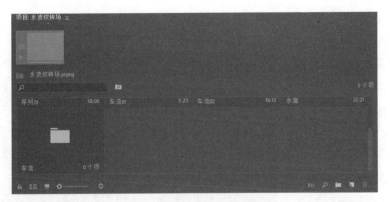

图 2-18

Step06 选中"项目"面板中的素材"车流01"和素材"车流02",将其拖曳至素材箱上,效果如图2-19所示。

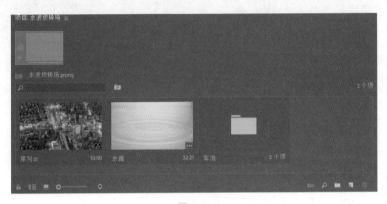

图 2-19

至此,完成整理素材的操作。

■ 2.2.4　替换素材

在 Premiere 中添加素材后,若对素材不满意,可以通过执行"替换素材"命令将素材替换掉。该命令可以在替换素材的同时保留原来素材的效果。

选中"项目"面板中的素材对象,右击鼠标,在弹出的快捷菜单中选择"替换素材"命令,在弹出的"替换素材"对话框中找到并选择合适的素材即可,如图2-20、图2-21所示为替换素材的前后效果。

图 2-20

图 2-21

■ 实例：制作美食电子相册

本实例将练习制作美食电子相册，其中涉及的知识点包括替换素材。具体的操作步骤如下。

Step01 在文件夹中双击打开本章素材文件"萌宠电子相册.prproj"，如图2-22所示。

Step02 在"项目"面板中选中素材"猫4.jpg"，右击鼠标，在弹出的快捷菜单中选择"替换素材"命令，打开"替换'猫4.jpg'素材"对话框，如图2-23所示。

Step03 在"替换'猫4.jpg'素材"对话框中找到本章素材"美食4.jpg"，单击"选择"按钮，替换素材，效果如图2-24所示。

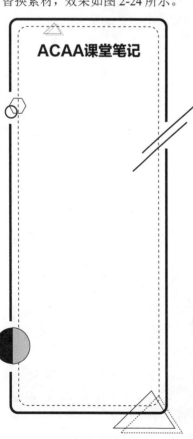

ACAA课堂笔记

图 2-22

图 2-23

图 2-24

Step04 使用相同的方法替换其他素材，最终效果如图2-25所示。

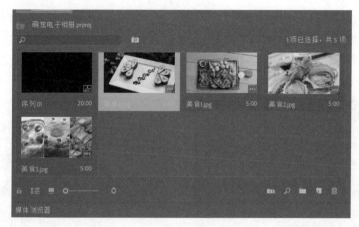

图 2-25

至此，完成美食电子相册的制作。

■ 2.2.5　失效和启用素材

在使用Premiere软件处理素材的过程中，可以通过使素材文件暂时失效的方法来加速操作和预览。

在"时间轴"面板中选中素材文件，右击鼠标，在弹出的快捷菜单中取消选择"启用"命令，此时失效素材的画面效果变为黑色，如图2-26所示。若想再次启用失效素材，使用相同的操作选择"启用"命令，即可重新显示素材画面，如图2-27所示。

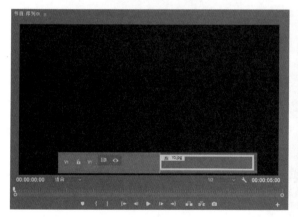 

图 2-26　　　　　　　　　　　　　　　图 2-27

■ 2.2.6　编组素材

在 Premiere 软件中处理素材时，为了便于对多个素材进行相同的操作，可以将多个素材编组，组合为一个整体，再进行操作。

在"时间轴"面板中选中要编组的多个素材文件，右击鼠标，在弹出的快捷菜单中选择"编组"命令，即可将素材文件编组。若想取消编组，选中编组素材，右击鼠标，在弹出的快捷菜单中选择"取消编组"命令即可。

■ 2.2.7　嵌套素材

处理多个素材时，常常会用到"编组"和"嵌套"命令。"编组"命令可以将多个素材组合成一个整体来进行移动和复制操作，而"嵌套"命令则可以将多个或单个素材合成为一个序列进行移动和复制操作。

在"时间轴"面板中选中要嵌套的多个素材文件，右击鼠标，在弹出的快捷菜单中选择"嵌套"命令，设置嵌套序列名称，即可将素材文件嵌套。如图 2-28、图 2-29 所示为嵌套序列的前后效果。

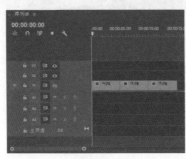

图 2-28　　　　　　　　　　　　　　图 2-29

嵌套成为一个序列后，无法取消。若想调整嵌套序列，双击嵌套序列进入其嵌套内部，即可进行调整。

■ 2.2.8　链接媒体

当项目中存在脱机素材时，在"项目"面板中选中该素材，右击鼠标，在弹出的快捷菜单中选择"链接媒体"命令，打开"链接媒体"对话框，单击"查找"按钮，找到所需的素材后单击"确定"按钮，即可重新链接该素材，恢复其正常显示。

■ 2.2.9　打包素材

在使用 Premiere 软件的过程中，为了避免素材移动导致的素材丢失等现象，可以将素材文件打包存储，方便文件移动位置后的再次操作。

在 Premiere 软件中执行"文件"|"项目管理"命令，打开"项目管理器"对话框，如图 2-30 所示。在该对话框中设置要打包的序列及目标路径等参数，完成后单击"确定"按钮即可完成素材的打包操作，如图 2-31 所示。

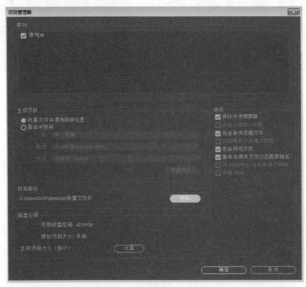

图 2-30　　　　　　　　　　　　　　图 2-31

课堂实战——制作拍照效果

经过本章内容的学习后，下面将利用导入素材、嵌套素材等知识来制作拍照效果。具体步骤如下。

Step01 打开 Premiere 软件，新建项目，如图 2-32 所示。

Step02 执行"文件"|"新建"|"序列"命令，在弹出的"新建序列"对话框中选择"设置"选项卡，设置序列参数，如图 2-33 所示。完成后单击"确定"按钮，新建序列。

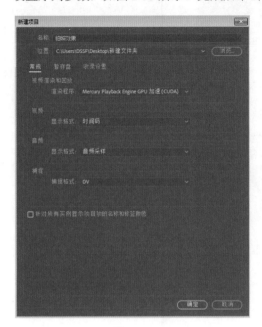 

图 2-32   图 2-33

Step03 执行"文件"|"导入"命令，在打开的"导入"对话框中选中本章素材文件"奔跑的少女.mp4"，完成后单击"确定"按钮，导入效果如图 2-34 所示。

图 2-34

Step04 在"项目"面板中选中素材文件，将其拖曳至"时间轴"面板的 V1 轨道中，右击鼠标，在弹出的快捷菜单中选择"速度／持续时间"命令，打开"剪辑速度／持续时间"对话框，设置"持续时间"为 5 秒，完成后单击"确定"按钮，效果如图 2-35 所示。

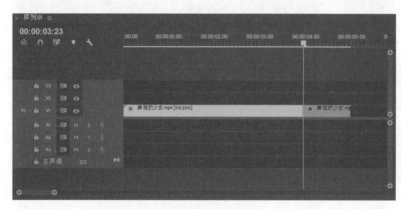

图 2-35

Step05 在"时间轴"面板中移动时间线至 00:00:03:23 处，右击鼠标，在弹出的快捷菜单中选择"添加帧定格"命令，效果如图 2-36 所示。

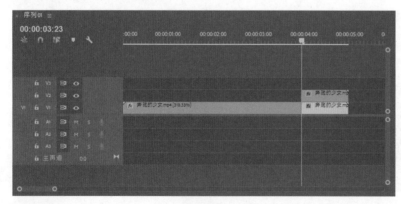

图 2-36

Step06 选中"时间轴"面板中素材的右半部分，按住 Alt 键向 V2 轨道上拖曳复制，效果如图 2-37 所示。

图 2-37

Step07 在"效果"面板中搜索"渐隐为白色"视频过渡效果，将其拖曳至 V1 轨道中的两段素材之间，如图 2-38 所示。

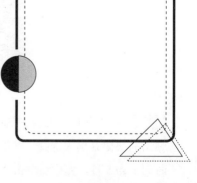

Adobe PremierePro CC 课堂实录

Step08 选中"时间轴"面板中的"渐隐为白色"视频过渡效果，在"效果控件"面板中设置"持续时间"为20帧，如图 2-39 所示。

Step09 执行"文件"|"新建"|"旧版标题"命令，打开"新建字幕"对话框，保持默认设置，单击"确定"按钮，打开"字幕"设计面板，如图 2-40 所示。

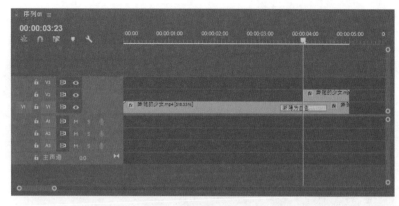

图 2-38

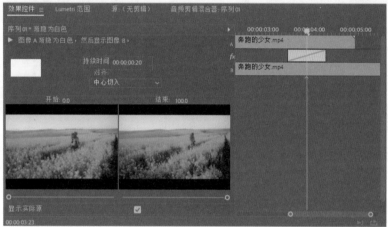

图 2-39

图 2-40

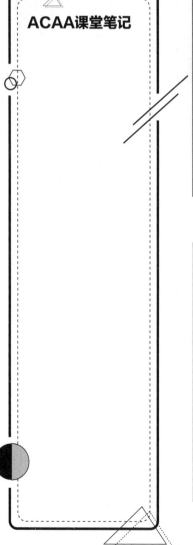

ACAA课堂笔记

Step10 在"字幕"设计面板中使用矩形工具▢绘制与画面等大的矩形，在右侧"属性"面板中设置"填充"为无，"内描边"的"颜色"为白色，效果如图 2-41 所示。完成后关闭"字幕"设计面板。

Step11 在"项目"面板中选中新建的字幕素材，将其拖曳至"时间轴"面板中的 V3 轨道中，调整持续时间与 V2 轨道素材一致，如图 2-42 所示。

Step12 选中 V2 轨道和 V3 轨道中的素材，右击鼠标，在弹出的快捷菜单中选择"嵌套"命令，设置嵌套序列名称为"照片"，将素材文件嵌套，如图 2-43 所示。

图 2-41

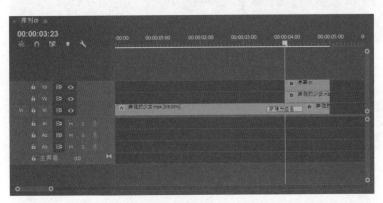

图 2-42

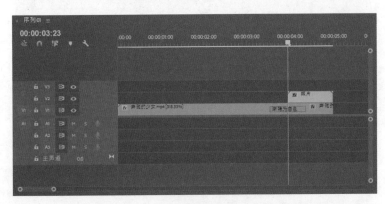

图 2-43

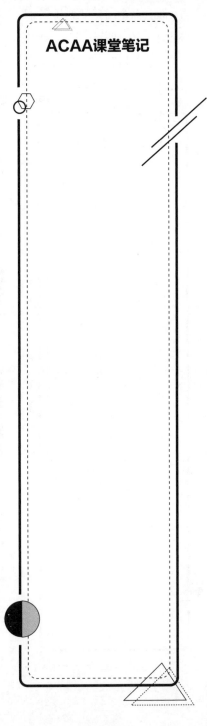

ACAA课堂笔记

Adobe PremierePro CC 课堂实录

Step13 选中嵌套素材，移动时间线至 00:00:03:23 处，在"效果控件"面板中单击"缩放"属性和"旋转"属性前的"切换动画"按钮，插入关键帧，如图 2-44 所示。

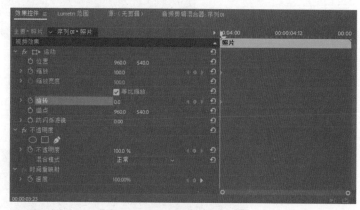

图 2-44

Step14 移动时间线至 00:00:04:12 处，调整"缩放"属性和"旋转"属性参数，再次添加关键帧，如图 2-45 所示。

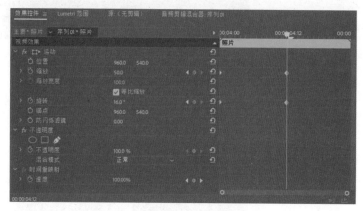

图 2-45

Step15 选中"效果控件"面板中的关键帧，右击鼠标，在弹出的快捷菜单中选中"缓入"和"缓出"命令，效果如图 2-46 所示。

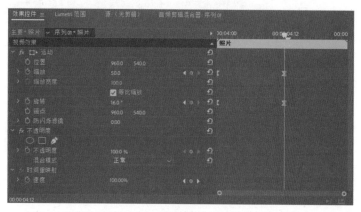

图 2-46

Step16 在"效果"面板中搜索"高斯模糊"效果，将其拖曳至 V1 轨道中的右半部分素材上，在"效果控件"面板中设置"高斯模糊"参数，如图 2-47 所示。

图 2-47

Step17 执行"文件"|"导入"命令，在打开的"导入"对话框中选中本章素材文件"相机快门.wav"，完成后单击"确定"按钮，导入音频素材。在"项目"面板中选中音频素材文件，将其拖曳至"时间轴"面板的 A1 轨道中，如图 2-48 所示。

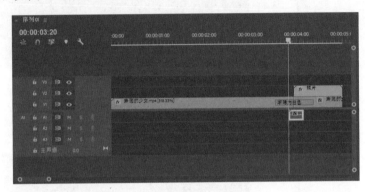

图 2-48

Step18 在"节目"监视器面板中预览效果，如图 2-49 所示。

图 2-49

至此，完成拍照效果的制作。

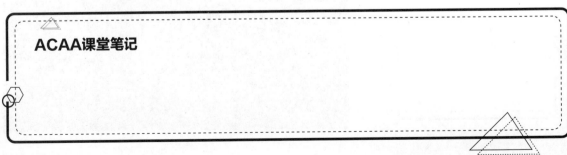

ACAA课堂笔记

课后作业

一、选择题

1. Premiere 软件中的工具存放于"（　　　）"面板中。
A. 工具 　　　　　　　　　　　　B. 时间轴
C. 项目 　　　　　　　　　　　　D. 效果

2. 使用（　　　）组合键可以快速打开"导入"对话框导入素材文件。
A. Shift+I 　　　　　　　　　　B. Ctrl+J
C. Ctrl+M 　　　　　　　　　　D. Ctrl+I

3. 如何在 Premiere 中导入图片序列动画素材？（　　　）
A. "文件"|"导入序列素材"
B. "文件"|"导入批处理列"
C. 在"导入"对话框中勾选"图像序列"复选框
D. 可以将一个文件夹中可识别的素材都作为图像序列导入

二、填空题

1. 按住 _____ 键拖动面板名称，可以将面板浮动显示。
2. "_____"命令可以替换掉原素材，同时保留原来素材的效果。
3. 当项目中存在脱机素材时，使用"_____"命令，可以重新查找并链接该素材，恢复其正常显示。
4. 在"项目"面板中选中素材后按 _____ 键，可以将素材名称转换为可编辑状态。

三、操作题

1. 设置时间轴播放自动滚屏效果。

（1）效果如图 2-50 所示。

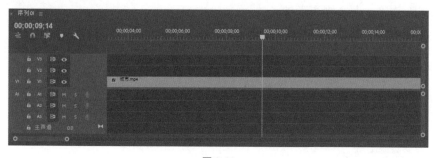

图 2-50

（2）操作思路。

打开 Premiere 软件，导入素材对象。

在"首选项"对话框的"时间轴"选项卡中选择"平滑滚动"选项即可，如图 2-51 所示。

图 2-51

2. 整理导入的素材文件。

（1）效果如图 2-52 所示。

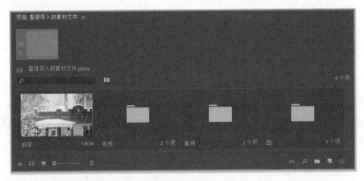

图 2-52

（2）操作思路。

打开 Premiere 软件，导入多个素材。

新建素材箱，对素材进行分类管理。

第〈3〉章 ————————————

视频剪辑基本操作

内容导读

　　Premiere 软件中最重要的功能就是剪辑视频。剪辑时，用户可以对多个素材进行组合，使之迸发新的光彩。在 Premiere 软件中，用户可以通过多个方法进行视频剪辑，也可以创建新的素材以方便使用。本章将对此进行讲解。

学习目标

- ≫　了解剪辑的多种方法
- ≫　掌握剪辑工具的用法
- ≫　掌握新建素材的方法

3.1 在监视器中剪辑素材

在 Premiere 软件中，剪辑素材文件有多种方式，本小节将针对如何在监视器中剪辑素材来进行介绍。

■ 3.1.1 监视器窗口

Premiere 软件中包括"源"监视器和"节目"监视器两种监视器面板。其中"源"监视器主要用于预览和剪裁"项目"面板中选中的原始素材，如图 3-1 所示。而"节目"监视器则主要用于预览最终输出视频效果，即时间轴序列中已经编辑的素材，如图 3-2 所示。

图 3-1   图 3-2

其中，"节目"监视器底部部分按钮作用如下。

◎ 添加标记▣：用于标注素材文件需要编辑的位置，标记可以提供简单的视觉参考。

◎ 标记入点▮：用于定义编辑素材的起始位置。

◎ 标记出点▮：用于定义编辑素材的结束位置。

◎ 转到入点◂▮：将时间线快速移动至入点处。

◎ 后退一帧◂▮：将时间线向左移动一帧。

◎ 播放／停止切换▶：用于播放或停止播放。

◎ 前进一帧▮▶：将时间线向右移动一帧。

◎ 转到出点▮▸：将时间线快速移动至出点处。

◎ 提升▤：单击该按钮，将删除目标轨道中出入点之间的素材片段，对前、后素材以及其他轨道上的素材位置都不产生影响。

◎ 提取▤：单击该按钮，将删除时间轴中位于出入点之间的所有轨道中的片段，并将后方素材前移。

◎ 导出帧▣：用于将当前帧导出为静态图像，勾选"导入到项目中"复选框可将图像导入至"项目"面板中。

◎ 按钮编辑器╋：单击该按钮，可以在弹出的"按钮编辑器"面板中自定义"节目"监视器面板中的按钮。"节目"监视器的按钮编辑器如图 3-3 所示。

图 3-3

"源"监视器底部部分按钮作用如下。

◎ 插入![插入图标]：单击该按钮，当前选中的素材将插入至时间标记后原素材中间。

◎ 覆盖![覆盖图标]：单击该按钮，插入的素材将覆盖时间标记后原有的素材。

◎ 按钮编辑器![按钮编辑器图标]：单击该按钮，可以在弹出的"按钮编辑器"面板中自定义"源"监视器面板中的按钮。"源"监视器的按钮编辑器如图 3-4 所示。

图 3-4

■ 3.1.2 播放预览功能

在"项目"面板中或"时间轴"面板上双击素材，即可在"源"监视器中打开素材，按空格键或单击"播放 / 停止切换"按钮![播放按钮]，即可播放预览素材。

在监视器面板底部可以对素材的长度信息及显示大小、清晰度等进行调整，如图 3-5 所示为"源"监视器面板底部。

图 3-5

其中，左侧的蓝色时间数值表示时间标记![时间标记图标]所在位置的时间，右侧的白色时间数值则表示视频入点和出点之间的时间长度。

若想调整窗口中视频显示的大小，可以在左侧的"选择缩放级别"列表中选择合适的参数。若选择"适合"选项，无论窗口大小，影片显示的大小都将与显示窗口匹配，从而显示完整的影片内容。

单击右侧时间数值旁边的"选择回放分辨率"按钮，在弹出的下拉列表中可以选择数值来改变素材在监视器中显示的清晰程度。

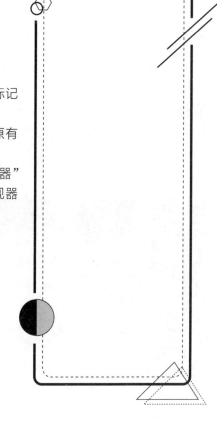

ACAA课堂笔记

3.1.3 入点和出点

入点是指素材开始帧的位置，出点是指素材结束帧的位置。在"源"监视器中设置入/出点位置后，入点与出点范围之外的内容便被裁切出去；素材重新导入至"时间轴"面板中后，入点与出点范围之外的内容将不会出现。

实例：拼接素材片段

本实例将练习拼接素材片段，这里涉及的知识点包括导入素材、入点与出点的设置等。下面将介绍具体的步骤。

Step01 打开 Premiere 软件，新建项目，执行"文件"|"导入"命令，在打开的"导入"对话框中选中本章素材文件"烹饪 1.mp4"和"烹饪 2.mp4"，完成后单击"确定"按钮，导入效果如图 3-6 所示。

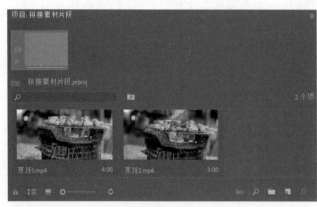

图 3-6

Step02 在"项目"面板中选中素材"烹饪 1.mp4"，将其拖曳至"时间轴"面板中，移动时间线至"烹饪 1.mp4"最后一帧，如图 3-7 所示。

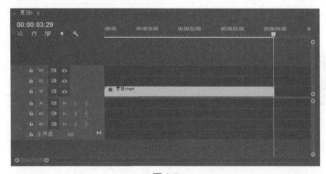

图 3-7

Step03 在"项目"面板中双击素材"烹饪 2.mp4"，在"源"监视器面板中打开素材"烹饪 2.mp4"，移动时间标记，找到与素材"烹饪 1.mp4"最后一帧一致的画面，如图 3-8 所示。

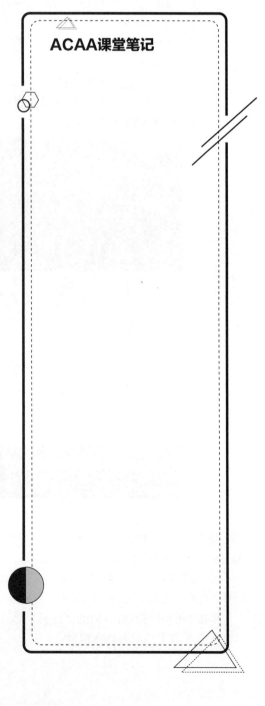

ACAA课堂笔记

Adobe PremierePro CC 课堂实录

图 3-8

Step04 单击"源"监视器面板中的"标记入点"按钮 ，
添加入点，如图 3-9 所示。

图 3-9

Step05 使用相同的方法，在"烹饪 2.mp4"最后一帧添加
出点，如图 3-10 所示。

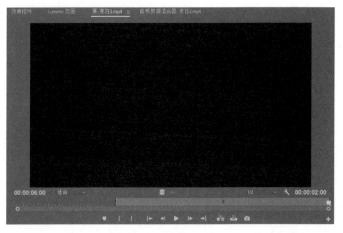

图 3-10

第3章 视频剪辑基本操作

Step06 选中"源"监视器面板中的素材"烹饪2.mp4"，将其拖曳至"时间轴"面板中素材"烹饪1.mp4"后面，如图3-11所示。

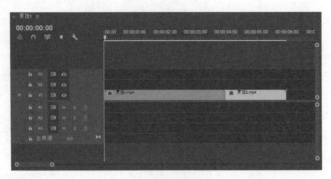

图 3-11

至此，完成素材拼接。

■ 3.1.4 设置标记点

在素材中添加标记，可以帮助用户更好地管理素材。下面将针对该操作进行介绍。

1. 添加标记

在监视器面板或"时间轴"面板中，将时间标记移动至需要标记的位置，单击"添加标记"按钮或按 M 键，即可在时间标记处添加标记，如图3-12所示。

图 3-12

2. 跳转标记

若素材上存在多个标记，右击监视器面板或"时间轴"面板中的标尺，在弹出的快捷菜单中选择"转到下一个标记"命令或"转到上一个标记"命令，时间标记会自动跳转到对应的位置。

3. 编辑标记

若想对标记的名称、颜色、注释等信息进行更改，可以双击标记按钮或右击标记按钮，在弹出的快捷菜单中选择"编辑标记"命令，打开"标记"对话框进行修改。如图3-13所示为打开的"标记"对话框。

4. 删除标记

若想删除添加的标记，右击监视器面板或"时间轴"面板中的标尺，在弹出的快捷菜单中选择"清除所选的标记"命令或"清除所有标记"命令，即可删除相应的标记。

图 3-13

3.1.5 插入和覆盖

执行"插入"命令或"覆盖"命令，可以将"项目"面板和"源"监视器面板中的素材放入"时间轴"面板中。在"源"监视器中单击"插入"按钮和"覆盖"按钮，也可以达到相同的效果。

执行"插入"命令或单击"插入"按钮插入素材时，可将素材插入至"时间轴"面板的时间标记处，原素材在时间标记处断开，时间标记后的素材向后推移。如图 3-14 所示为插入后的效果。

"覆盖"命令的操作与"插入"命令类似，但"覆盖"命令插入的素材会将时间标记后原有的素材覆盖。如图 3-15 所示为覆盖后的效果。

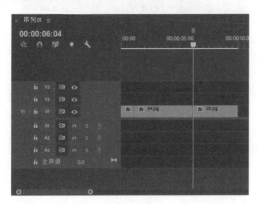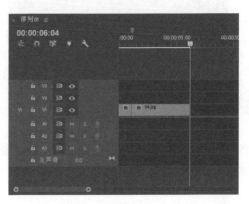

图 3-14　　　　　　　　　　　　　　　图 3-15

3.1.6 提升和提取

"提升"和"提取"命令只能用于"节目"监视器中，其可以帮助用户剪辑素材片段，删除多余部分。

在"节目"监视器中添加入点和出点，右击鼠标，在弹出的快捷菜单中执行"提升"或"提取"命令即可删除该段素材，在"节目"监视器中单击"提升"按钮或"提取"按钮也可以达到相同的效果。

其中，"提升"只会删除目标轨道中入点及出点之间的素材片段，对其前后的素材以及其他轨道上的素材的位置都不产生影响。如图 3-16、图 3-17 所示为执行"提升"命令的前后效果。

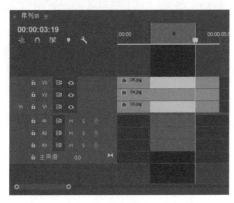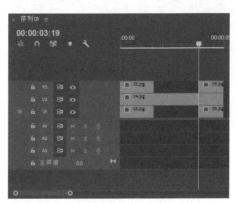

图 3-16　　　　　　　　　　　　　　　图 3-17

"提取"命令则会删除位于入点及出点之间的所有轨道中的素材片段，且会将后面的素材前移。如图 3-18、图 3-19 所示为执行"提取"命令的前后效果。

第 3 章　视频剪辑基本操作

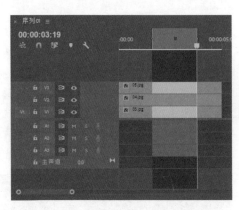

图 3-18

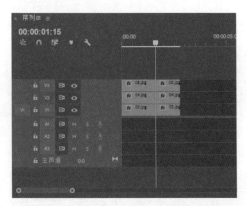

图 3-19

在时间线上剪辑素材

除了在监视器中对素材进行剪辑外，最常用的还有使用工具在时间线上剪辑素材。本小节将针对这些工具及操作进行介绍。

■ 3.2.1　选择工具和选择轨道工具

选择工具和选择轨道工具都可以在轨道中选择素材并调整其位置。但选择轨道工具可以选择箭头方向上的所有素材。

以向前选择轨道工具 ![img] 为例，选择"工具"面板中的向前选择轨道工具 ![img] ，在"时间轴"面板中的素材上单击，即可选中箭头所在位置同方向所有素材。如图 3-20、图 3-21 所示分别为使用向前选择轨道工具 ![img] 选中并移动素材的效果。

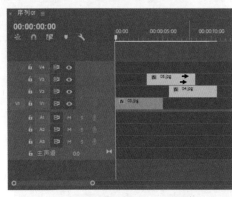

图 3-20

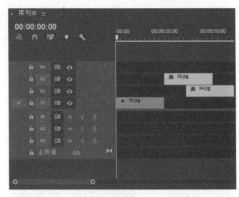

图 3-21

■ 3.2.2　剃刀工具

剃刀工具 ![img] 可以将"时间轴"面板中的素材片段裁切成多段，且每段素材片段都可以再进行调整编辑。

选中"工具"面板中的剃刀工具 ![img] ，在"时间轴"面板中要剪切的位置单击，即可将素材剪为两段。如图 3-22、图 3-23 所示分别为使用剃刀工具 ![img] 裁剪素材的前后效果。

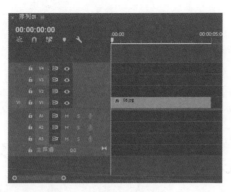

图 3-22

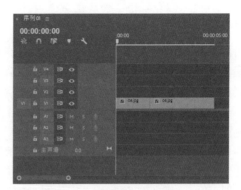

图 3-23

　　使用剃刀工具时，若按住 Shift 键在"时间轴"面板中单击鼠标，则可剪切剃刀工具所在处所有素材。

3.2.3　外滑工具

　　使用外滑工具时，入点前和出点后需有预留出的余量供调节使用。使用外滑工具在轨道上的素材中拖动，可以同时改变该素材的出点和入点，而片段长度不变，相邻片段的出入点及长度也不变。

　　选中外滑工具，移动鼠标指针至"时间轴"面板中需要剪辑的素材片段上，当鼠标指针呈状时，按住鼠标左键并拖动即可对素材入出点进行修改，如图 3-24 所示。

　　此时，"节目"监视器面板中会显示前一片段的出点、后一片段的入点及画面帧数等信息，如图 3-25 所示。

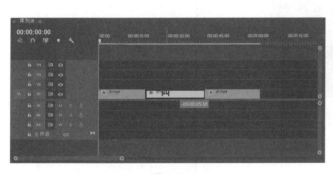

图 3-24

图 3-25

ACAA课堂笔记

■ 3.2.4　内滑工具

　　使用内滑工具 时，前一段素材片段的出点后和后一段素材片段的入点前需有预留出的余量供调节使用。使用内滑工具 在轨道上的素材中拖动时，被拖动的素材片段出入点和长度不变，前一相邻片段的出点和后一相邻片段的入点会发生变化，但影片总长度不变。

　　选中内滑工具 ，移动鼠标指针至"时间轴"面板中需要剪辑的素材片段上，当鼠标指针呈 状时，按住鼠标左键并拖动，即可对素材入出点进行修改，如图 3-26 所示。

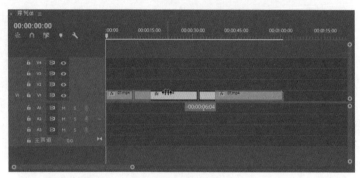

图 3-26

　　此时，"节目"监视器面板中会显示被调整片段的出点与入点以及未被编辑的出点与入点，如图 3-27 所示。

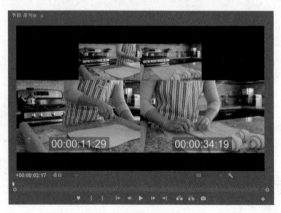

图 3-27

■ 3.2.5　滚动编辑工具

　　滚动编辑工具 可以改变某素材片段的入点或出点，相邻素材的出点或入点也随之改变，但影片总长度不变。

　　选中滚动编辑工具 ，移动鼠标指针至两个素材片段之间，当光标变为 状时，按住鼠标拖动即可调整素材自身长度。如图 3-28 所示为向左拖动的效果（被拖动的片段入点前需留有余量以供调节）。

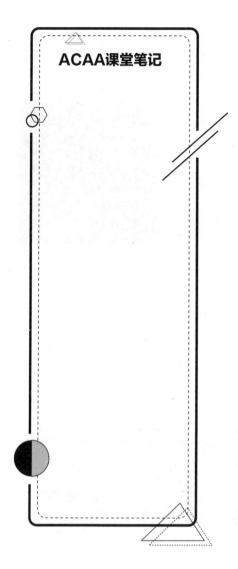

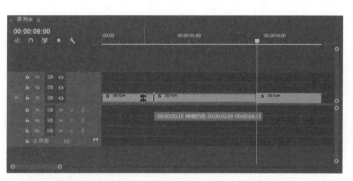

图 3-28

知识点拨

　　若向右拖动鼠标，前一片段出点后需留有余量以供调节。

　　当鼠标指针呈 ⊞ 状时，双击鼠标，"节目"监视器中会弹出详细的修整面板，可以对素材片段进行细调，如图3-29所示。

图 3-29

■ 3.2.6　比率拉伸工具

　　比率拉伸工具 ⊞ 可以改变"时间轴"面板中素材的播放速度，从而改变素材时间长度。

　　选中比率拉伸工具 ⊞ ，将光标移动至"时间轴"面板中一个素材片段的开始或结尾处，当鼠标指针变为 ⊩ 状时，按住鼠标拖动即可改变素材片段时间长度，而素材的出点、入点不变。当片段缩短时播放速度加快，片段延长时播放速度变慢。如图3-30所示为缩短片段长度、加快播放速度的操作。

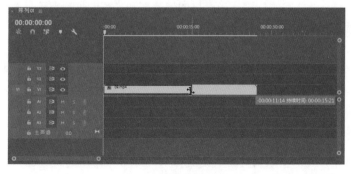

图 3-30

若想更精确地调整素材的播放速度，可以选中"时间轴"面板中的一段素材，右击鼠标，在弹出的快捷菜单中选择"速度 / 持续时间"命令，打开"剪辑速度 / 持续时间"对话框，即可对播放速度进行调整。

如图 3-31 所示为打开的"剪辑速度 / 持续时间"对话框，该对话框中主要选项作用如下。

◎ 速度：用于调整素材片段播放速度。大于 100% 为加速播放，小于 100% 为减速播放，等于 100% 为正常速度播放。

◎ 持续时间：用于显示更改后的素材片段的持续时间。

◎ 倒放速度：勾选该复选框后，素材片段将反向播放。

◎ 保持音频音调：勾选该复选框后，素材片段的音频播放速度不变。

◎ 波纹编辑，移动尾部剪辑：勾选该复选框后，片段加速导致的缝隙处将自动填补。

图 3-31

■ 3.2.7　帧定格

帧定格是指将素材片段中的某一帧冻结，该帧之后均以静帧的方式显示。

在"时间轴"面板中选择需要添加帧定格的素材片段，移动时间线至要冻结的画面处，右击鼠标，在弹出的快捷菜单中选择"添加帧定格"命令，即可将之后的内容定格。如图 3-32、图 3-33 所示分别为同一时间下添加帧定格前后的效果。

图 3-32

图 3-33

■ 3.2.8　帧混合

帧混合可以平滑帧与帧之间的过渡。当素材的帧速率和序列的帧速率不同时，Premiere 会自动补充缺少的帧或跳跃播放，但在播放时会产生画面抖动；此时使用"帧混合"命令即可消除抖动，使画面变得流畅。

在"时间轴"面板中选中要添加帧混合的素材，右击鼠标，在弹出的快捷菜单中选择"时间插值"|"帧混合"命令即可。

■ 3.2.9　复制 / 粘贴素材

在 Premiere 软件中，复制粘贴素材的快捷键与 Windows 中常用的组合键相同，即剪切快捷键为 Ctrl+X，复制快捷键为 Ctrl+C，粘贴快捷键为 Ctrl+V。

在"时间轴"面板中，选中需要复制的素材，按 Ctrl+C 组合键复制；移动时间标记至要粘贴的位置，按 Ctrl+V 组合键粘贴，时间标记后面的素材将被覆盖。若按 Ctrl+Shift+V 组合键粘贴插入，时间标记后面的素材将向后移动。

知识点拨

复制、粘贴素材等操作也可以通过执行"编辑"菜单下的命令实现。

3.2.10 删除素材

在 Premiere 软件的"时间轴"面板中删除多余的素材有两种方式：清除和波纹删除。

执行"编辑" | "清除"命令删除素材后，时间轴的轨道中会留下该素材的空位，如图 3-34 所示。

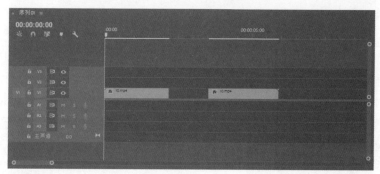

图 3-34

而执行"编辑" | "波纹删除"命令删除素材后，后面的素材将自动补上缺口，如图 3-35 所示。

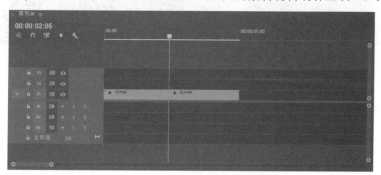

图 3-35

3.2.11 分离 / 链接视音频

当素材片段中的音视频链接在一起，而用户需要单独对视频或音频进行操作时，可以取消音视频链接，以方便操作。

在"时间轴"面板中选中链接的音视频素材文件，右击鼠标，在弹出的快捷菜单中选择"取消链接"命令，即可分离素材。

若想链接音视频素材，在"时间轴"面板中选中要链接的音视频素材文件，右击鼠标，在弹出的快捷菜单中选择"链接"命令即可。

3.3 在"项目"面板中创建素材

在 Premiere 软件中，除了导入素材外，还可以通过"项目"面板创建素材。本小节将针对几种创建素材的方式进行介绍。

3.3.1 调整图层

调整图层是一种透明的图层。在调整图层上添加效果，可以影响"时间轴"面板中该素材以下素材的效果。

单击"项目"面板底部的"新建项"按钮，在弹出的下拉菜单中选择"调整图层"命令，即可创建调整图层。右击"项目"面板空白处，在弹出的快捷菜单中选择"新建项目"|"调整图层"命令，也可以达到相同的效果。

3.3.2 彩条

单击"项目"面板底部的"新建项"按钮，在弹出的下拉菜单中选择"彩条"命令，即可创建彩条素材，创建出的彩条素材带有音频信息。如图 3-36、图 3-37 所示分别为"新建彩条"对话框和彩条效果。

图 3-36

图 3-37

■ 实例：制作电视无信号效果

本实例将练习制作电视无信号效果，涉及的知识点包括导入素材、取消链接、新建彩条素材等。下面将介绍具体的步骤。

Step01 打开 Premiere 软件，新建项目，执行"文件"|"导入"命令，在打开的"导入"对话框中选中本章素材文件"建筑 .mp4"，完成后单击"确定"按钮，导入效果如图 3-38 所示。

Step02 在"项目"面板中选中素材"建筑 .mp4"，将其拖曳至"时间轴"面板中。选中 V1 轨道中的素材，右击鼠标，在弹出的快捷菜单中选择"取消链接"命令，取消音视频链接，如图 3-39 所示。

图 3-38

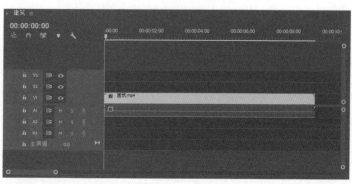

图 3-39

Step03 选中 A1 轨道中的音频素材，移动时间线至 00:00:05:00 处，使用剃刀工具 在时间线处单击，并按 Delete 键删除音频素材右半部分，如 3-40 所示。

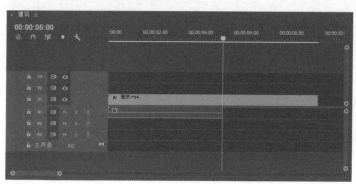

图 3-40

Step04 单击"项目"面板底部的"新建项"按钮，在弹出的下拉菜单中选择"彩条"命令，打开"新建彩条"对话框，保持默认设置，单击"确定"按钮，创建彩条素材，如图 3-41 所示。

图 3-41

Step05 拖曳彩条素材至"时间轴"面板中 V2 轨道上，起始位置与时间线对齐，如图 3-42 所示。

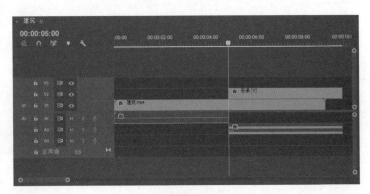

图 3-42

Step06 使用比率拉伸工具 调整彩条素材播放速度，结束时间与 V1 轨道中素材对齐，如图 3-43 所示。

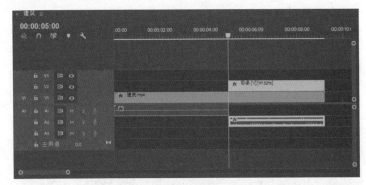

图 3-43

至此，完成电视无信号效果的制作。

3.3.3　黑场视频

　　单击"项目"面板底部的"新建项"按钮 ，在弹出的下拉菜单中选择"黑场视频"命令，在弹出的"新建黑场视频"对话框中设置参数后，即可创建黑场视频素材；调整黑场视频素材的透明度和混合模式，可以影响"时间轴"面板中该素材以下素材的显示效果。

3.3.4　颜色遮罩

　　单击"项目"面板底部的"新建项"按钮 ，在弹出的下拉菜单中选择"颜色遮罩"命令，在弹出的"新建颜色遮罩"对话框中设置参数后，再设置其颜色，即可创建颜色遮罩。

3.3.5　通用倒计时片头

　　单击"项目"面板底部的"新建项"按钮，在弹出的下拉菜单中选择"通用倒计时片头"命令，在弹出的"新建通用倒计时片头"对话框中设置参数后，单击"确定"按钮，弹出"通用倒计时设置"对话框，如图 3-44 所示。在该对话框中设置参数后，即可创建倒计时片头。

下面将针对"通用倒计时设置"对话框中各选项的作用进行讲解。

◎ 擦除颜色：用于指定圆形一秒擦除区域的颜色。

◎ 背景色：用于指定擦除颜色后的区域颜色。

◎ 线条颜色：用于指定指示线颜色，即水平和垂直线条的颜色。

◎ 目标颜色：用于显示准星颜色，即数字周围的双圆形颜色。

◎ 数字颜色：用于指定倒数数字颜色。

◎ 出点时提示音：勾选该复选框后，将在片头的最后一帧中显示提示音。

◎ 倒数 2 秒提示音：勾选该复选框后，将在数字 2 后播放提示音。

◎ 在每秒都响提示音：勾选该复选框后，将在每秒开始时播放提示音。

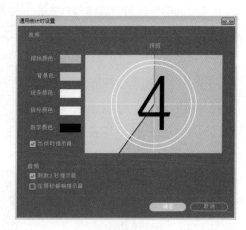

图 3-44

课堂实战——制作烧烤视频

经过本章内容的学习后，下面将利用本章所讲知识制作烧烤视频。具体步骤如下。

Step01 打开 Premiere 软件，新建项目和序列，如图 3-45 所示。

Step02 执行"文件"|"导入"命令，在打开的"导入"对话框中选中本章素材文件"切菜 1.mp4""切菜 2.mp4""切菜 3.mp4""烤蔬菜 .mp4""烤串 .mp4"和"烤肉 .mp4"，完成后单击"确定"按钮，导入效果如图 3-46 所示。

Step03 在"项目"面板中选中素材"切菜 1.mp4"，将其拖曳至"时间轴"面板的 V1 轨道中，移动时间线至 00:00:10:00 处，使用比率拉伸工具 调整素材"切菜 1.mp4"持续时间为 10 秒，如图 3-47 所示。

图 3-45

图 3-46

Step04 在"项目"面板中双击素材
"切菜 2.mp4",在"源"监视器
面板中打开素材,移动时间标记,
设置出点和入点,如图 3-48 所示。

Step05 拖曳"源"监视器面板中的
素材至"时间轴"面板中的 V2 轨
道,保持末端与 V1 轨道素材对齐,
如图 3-49 所示。

Step06 使用相同的方法,调整素材
"切菜 3.mp4"并置入 V3 轨道中,
如图 3-50、图 3-51 所示。

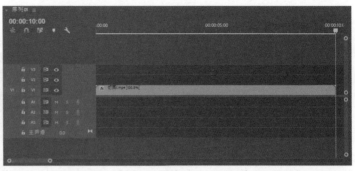

图 3-47

图 3-48

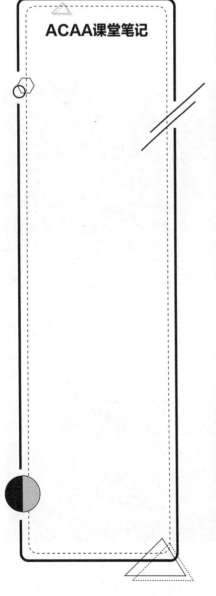

ACAA课堂笔记

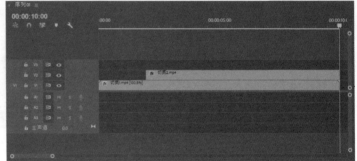

图 3-49

图 3-50

Adobe PremierePro CC 课堂实录

Step07 在"效果"面板中搜索"线性擦除"视频效果，将其拖曳至 V3 轨道中的素材上，在"效果控件"面板中调整参数，如图 3-52 所示。调整后效果如图 3-53 所示。

Step08 使用相同的方法调整 V2 轨道中的素材，如图 3-54 所示。调整后效果如图 3-55 所示。

ACAA课堂笔记

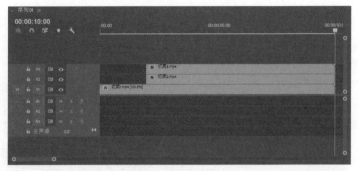

图 3-51

图 3-52

图 3-53

图 3-54

图 3-55

Step09 选中 V1 轨道素材，移动时间线至 0 秒处，在"效果控件"面板中单击"位置"属性前的"切换动画"按钮，添加关键帧，如图 3-56 所示。

Step10 移动时间线至 00:00:01:24 处，单击"位置"属性前的"切换动画"按钮，再次添加关键帧，如图 3-57 所示。

Step11 移动时间线至 00:00:02:00 处，调整"位置"参数，按 Enter 键添加关键帧，如图 3-58 所示。

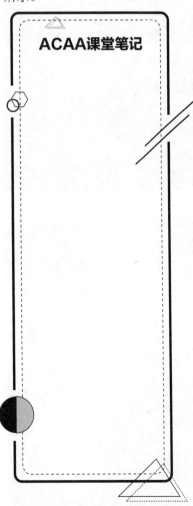

ACAA课堂笔记

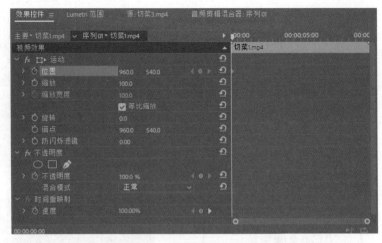

图 3-56

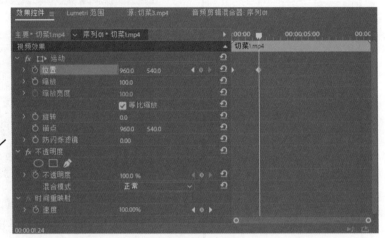

图 3-57

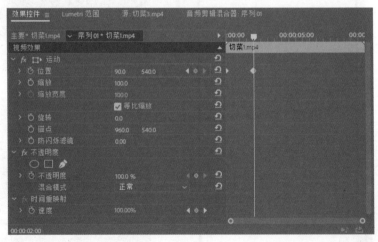

图 3-58

Adobe PremierePro CC 课堂实录

Step12 选中添加的关键帧，右击鼠标，在弹出的快捷菜单中，选择"临时插值"子菜单"缓入"和"缓出"命令，效果如图3-59所示。

Step13 将素材"烤蔬菜.mp4""烤肉.mp4"和"烤串.mp4"依次拖曳至V1轨道中，如图3-60所示。

Step14 移动"时间轴"面板中的时间线至00:00:59:00处，使用剃刀工具 🔪 在时间线处裁切素材"烤串.mp4"，并删除右半部分，如图3-61所示。

Step15 单击"项目"面板底部的"新建项"按钮 🖳，在弹出的下拉菜单中选择"黑场视频"命令，在弹出的"新建黑场视频"对话框中保持默认设置，创建黑场视频素材。在"项目"面板中拖曳黑场视频素材至"时间轴"面板中的V4轨道中合适位置，如图3-62所示。

Step16 选中"时间轴"面板中的黑场视频素材，在"效果控件"面板中添加"不透明度"关键帧，并设置"缓入"和"缓出"效果，如图3-63所示。

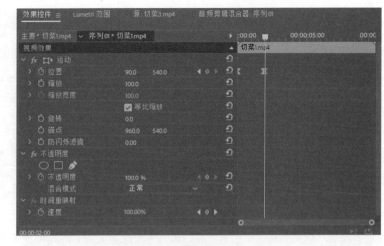

图 3-59

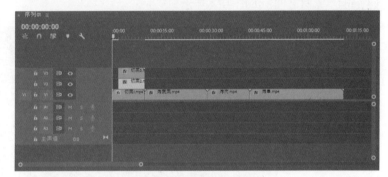

图 3-60

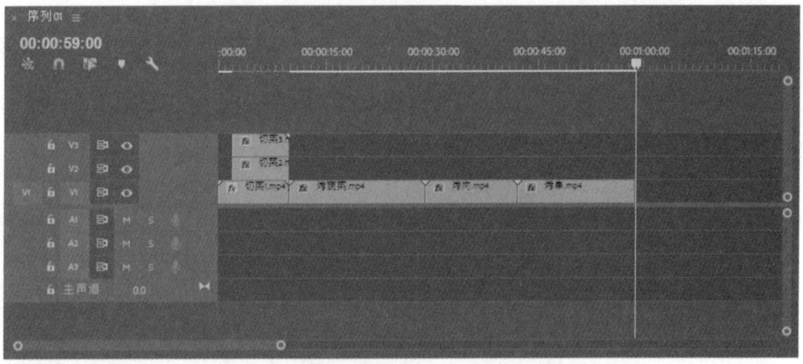

图 3-61

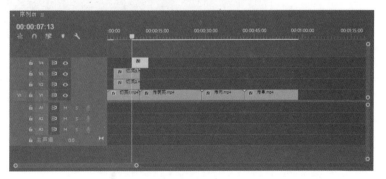

图 3-62

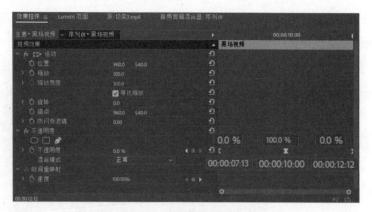

图 3-63

Step17 在"效果"面板中搜索"圆划像"视频过渡效果,将其拖曳至 V1 轨道中的"烤蔬菜 .mp4"和"烤肉 .mp4"素材之间,如图 3-64 所示。

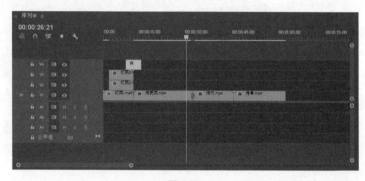

图 3-64

Step18 使用相同的方法拖曳"推"视频过渡效果至"烤肉 .mp4"和"烤串 .mp4"素材之间,拖曳"交叉缩放"视频过渡效果至"烤串 .mp4"素材末端,如图 3-65 所示。

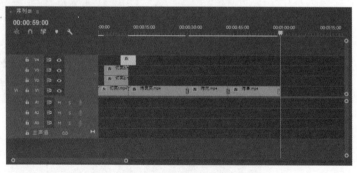

图 3-65

至此,完成烧烤视频的制作。

课后作业

一、选择题

1. 使用（　　）工具，可以保持要剪辑片段的入点与出点不变，通过其相邻片段入点和出点的变化，来改变其时间线上的位置，并保持节目总长度不变。

A. 比率拉伸工具

B. 外滑工具

C. 内滑工具

D. 选择轨道工具

2. 下面关于波纹编辑描述正确的有（　　）。

A. 可以同时调整前一个片段的出点和后一个片段的入点

B. 使用该工具调整时，影片的总时长一定不发生变化

C. 序列上至少有两个片段才能使用滚动编辑工具

D. 使用剃刀工具将一个片段剪开，使用滚动编辑工具在断点处拖动，影片无变化

3. 假设一个总长度为 10 秒的片段入点为 2 秒，出点为 5 秒，使用外滑工具改变其入点到 5 秒，那么（　　）。

A. 出点为 8 秒，总长度不变

B. 出点为 5 秒，总长度为 0

C. 出点为 10 秒，因为片段时间最长到 10 秒

D. 出点为 8 秒，总长度为 5 秒

二、填空题

1. "提升"和"提取"命令只能用于_____中。

2. _____可以在轨道中选择箭头方向上的所有素材并调整其位置。

3. 若想在删除素材后后面的素材自动补上缺口，可以使用"_____"命令

4. 在复制粘贴素材时，若按_____组合键粘贴插入，时间标记后面的素材将向后移动。

三、操作题

1. 制作慢镜头。

（1）"时间轴"面板前后对比效果如图 3-66、图 3-67 所示。

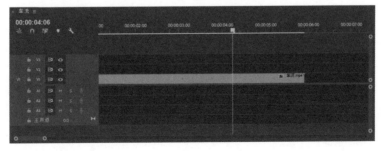

图 3-66

图 3-67

（2）操作思路。

导入素材文件后，使用剃刀工具裁切成两段。

使用比率拉伸工具将后半段持续时间拉长即可。

2. 制作倒计时片头。

（1）效果如图 3-68 所示。

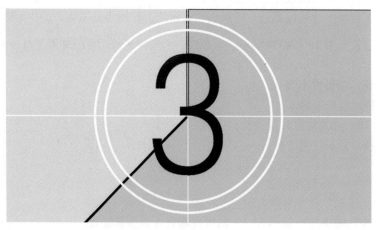

图 3-68

（2）操作思路。

导入素材文件后，将其拖曳至"时间轴"面板中合适位置，调整起始时间略偏后。

新建倒计时片头素材，并进行设置，将其拖曳至导入素材之前即可。

第 4 章

视频过渡效果应用

内容导读

    Premiere 软件中的视频过渡效果可以弥补视频中生硬的转场,使视频中素材间的切换变得平滑自然;也可以作用于单独素材上,使素材切入比较生动。本章将介绍如何添加设置视频过渡效果以及不同视频过渡效果的作用。

学习目标

» 认识视频过渡效果

» 学会如何添加视频效果

» 了解不同视频过渡效果的作用

4.1 认识视频过渡

视频过渡一般用于素材之间，使素材的切换形成动画效果，从而使过渡更自然。下面将针对视频过渡的一些基本操作进行讲解。

4.1.1 什么是视频过渡

视频过渡又被称为视频转场，在制作视频的过程中有非常重要的作用。它可以更好地融合两段素材，使原本不衔接、跳脱感较强的素材过渡顺畅，从而提高影片质量。

4.1.2 添加视频过渡

视频过渡的添加方法非常简单。执行"窗口"|"效果"命令，打开"效果"面板，选中要添加的视频过渡效果并拖曳至"时间轴"面板中的素材入点或出点处即可。如图4-1所示为素材添加"油漆飞溅"视频过渡的效果。

图 4-1

4.1.3 设置视频过渡

添加视频过渡后，可以对其持续时间、起始位置等进行设置，以达到更好的过渡效果。本小节将针对如何设置视频过渡进行介绍。

1. 删除或替换视频过渡

添加完视频过渡效果后，若对其不满意，可以删除或替换现有的视频过渡效果。

（1）删除视频过渡。

在"时间轴"面板中选中要删除的视频过渡效果，按 Delete 键或 Backspace 键即可。

（2）替换视频过渡。

若想要替换现有的视频过渡效果，可以在"效果"面板中选中新的视频过渡，将其直接拖曳至"时间轴"面板中要替换的视频过渡效果上。

2. 设置视频过渡特效开始位置

在 Premiere 软件中，在添加部分视频过渡特效后可以调整其开始位置。

以"时钟式擦除"视频过渡为例：拖曳"时钟式擦除"视频过渡至"时间轴"面板中的素材上，选中添加的过渡效果，打开"效果控件"面板，在面板的左上角单击控制视频过渡效果起始位置的控件周围的三角，即可改变视频过渡特效的开始位置，如图4-2所示。

3.调整视频过渡持续时间

添加视频过渡效果后，用户可以直接使用选择工具在"时间轴"面板中拖曳视频过渡效果两端，控制其持续时间。

若想更精准地调整视频过渡时间，可以选中"时间轴"面板中的视频过渡效果，在"效果控件"面板的"持续时间"文本框中设置参数，如图4-3所示。

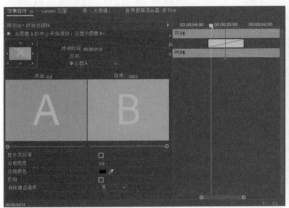

图 4-2

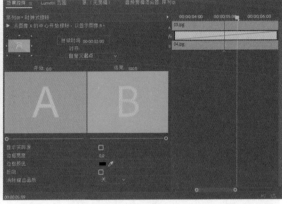

图 4-3

4.设置视频过渡对齐参数

当视频过渡效果添加至同一轨道的两个相邻素材之间时，"效果控件"面板中的"对齐"选项可以控制该视频过渡效果的对齐方式，包括"中心切入""起点切入""终点切入"和"自定义起点"四种，如图4-4所示。用户可以根据自身需求选择合适的对齐方式。

5.显示实际素材

选中"时间轴"面板中的视频过渡效果，勾选"效果控件"面板中的"显示实际源"复选框，可在预览区中显示素材的实际效果。如图4-5所示为勾选复选框后的效果。

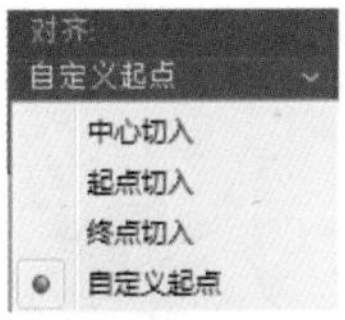

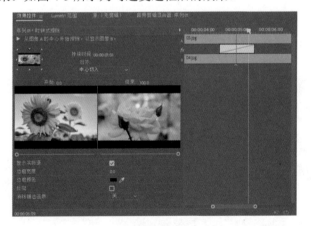

图 4-4

图 4-5

6.控制视频过渡开始、结束效果

添加视频过渡效果后，可以在"效果控件"面板中预览区上方调整视频过渡开始、结束效果。

"开始"参数可以控制视频过渡效果开始的位置，默认值为0，该数值表示将从整个视频过渡过程的开始位置进行过渡；若将该参数值设置为10，则从整个视频过渡效果的10％位置开始过渡。如图4-6所示为"开始"参数设置为10时视频过渡开始效果。

"结束"参数可以控制视频过渡效果结束的位置，默认值为100，该数值表示将在整个视频过渡过程的结束位置完成过渡；若将该参数值设置为90，则表示视频过渡效果结束时，视频过渡效果只是完成了整个视频过渡的90%。如图4-7所示为"结束"参数设置为90时视频过渡结束效果。

图 4-6 图 4-7

7. 设置边框

部分视频过渡效果在视频过渡中会产生一定的边框，在"效果控件"面板中可以对该视频过渡效果的边框宽度和颜色进行调整。

"边框宽度"参数可以控制视频过渡过程中形成的边框的宽度，数值越大，边框宽度越大；"边框颜色"参数可以控制视频过渡过程中形成的边框的颜色。

8. 反向视频过渡效果

选中"时间轴"面板中的视频过渡效果，在"效果控件"面板中勾选"反向"复选框，可以反转视频过渡效果的方向。如图4-8、图4-9所示分别为未勾选"反向"复选框和勾选"反向"复选框的效果。

图 4-8 图 4-9

■ 实例：制作转场视频

本实例将练习制作转场视频，涉及的知识点包括导入素材、添加并调整视频过渡等。下面将介绍具体的步骤。

Step01 打开 Premiere 软件，新建项目和序列，如图 4-10 所示。

图 4-10

Step02 执行"文件"|"导入"命令，在打开的"导入"对话框中选中本章素材文件"鸟 1.mp4""鸟 2.mp4"和"鸟 3.mp4"，完成后单击"确定"按钮，导入效果如图 4-11 所示。

图 4-11

Step03 选中"项目"面板中的素材，将其依次置入"时间轴"面板中的 V1 轨道中，如图 4-12 所示。

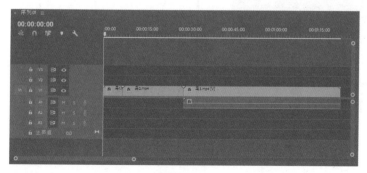

图 4-12

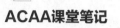

ACAA课堂笔记

第 4 章 视频过渡效果应用

67

Step04 选中 V1 轨道中的"鸟 3.mp4"，右击鼠标，在弹出的快捷菜单中选择"取消链接"命令，取消音频视频链接，并删除音频，如图 4-13 所示。

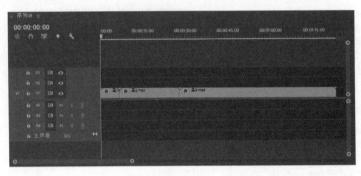

图 4-13

Step05 在"效果"面板中找到"交叉溶解"视频过渡效果，将其拖曳至素材"鸟 1.mp4"和"鸟 2.mp4"之间，如图 4-14 所示。

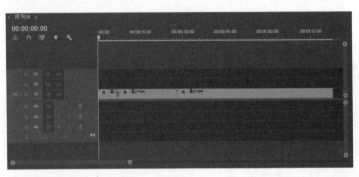

图 4-14

Step06 选中添加的视频过渡效果，在"效果控件"面板中对其参数进行设置，如图 4-15 所示。

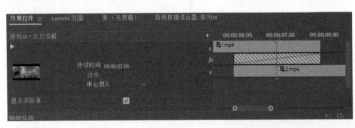

图 4-15

Step07 使用相同的方法在素材"鸟 2.mp4"和"鸟 3.mp4"之间添加"胶片溶解"视频过渡效果，并对其进行设置，如图 4-16 所示。

ACAA课堂笔记

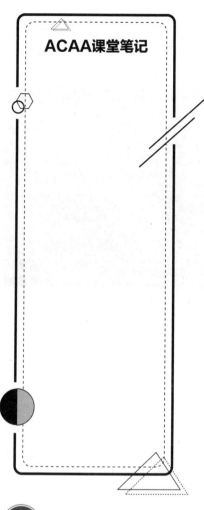

图 4-16

Step08 设置完成后，"时间轴"面板中的效果如图 4-17 所示。至此，完成转场视频的制作。

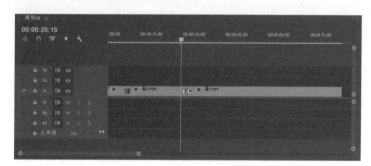

图 4-17

4.2 运用视频过渡

Premiere 软件中包括 8 组内置视频过渡效果，分别为"3D 运动""划像""擦除""沉浸式视频""溶解""滑动""缩放"和"页面剥落"。下面将针对这 8 组视频过渡效果进行讲解。

4.2.1 3D 运动

"3D 运动"过渡效果组中的效果可以模拟三维空间的运动，包括"立方体旋转"和"翻转"两种。本小节将对这两种效果进行讲解。

1. 立方体旋转

"立方体旋转"视频过渡效果是模拟空间立方体旋转的效果，其中一个素材随着立方体的旋转而离开，另一个素材则随着立方体的旋转而出现。如图 4-18 所示为添加"立方体旋转"视频过渡的效果。

2. 翻转

"翻转"视频过渡效果是模拟平面翻转的效果。在翻转过程中，一个素材离开，另一个素材出现。如图 4-19 所示为添加"翻转"视频过渡的效果。

图 4-18   图 4-19

■ 4.2.2 划像

"划像"过渡效果组中的效果可以通过分割画面来实现场景转换，包括"交叉划像""圆划像""盒形划像""菱形划像"4 种。本小节将对这 4 种效果进行讲解。

1. 交叉划像

在"交叉划像"视频过渡效果中，素材 B 将以一个十字形出现并向四角伸展，直至将素材 A 完全覆盖。如图 4-20 所示为添加"交叉划像"视频过渡的效果。

2. 圆划像

在"圆划像"视频过渡效果中，素材 B 将以圆形出现并向四周扩展，直至充满整个画面并完全覆盖素材 A。如图 4-21 所示为添加"圆划像"视频过渡的效果。

图 4-20   图 4-21

3. 盒形划像

在"盒形划像"视频过渡效果中，素材 B 将以盒形出现并向四周扩展，直至充满整个画面并完全覆盖素材 A。如图 4-22 所示为添加"盒形划像"视频过渡的效果。

4. 菱形划像

在"菱形划像"视频过渡效果中，素材 B 将以菱形出现并向四周扩展，直至完全覆盖素材 A。如图 4-23 所示为添加"菱形划像"视频过渡的效果。

图 4-22

图 4-23

4.2.3 擦除

"擦除"过渡效果组中的效果主要是通过擦除图像的方式来转换场景，包括"划出""双侧平推门""带状擦除""径向擦除""插入"等 17 种效果。本小节将对这 17 种效果进行讲解。

1. 划出

在"划出"视频过渡效果中，将逐渐擦除素材 A，显示出素材 B。如图 4-24 所示为添加"划出"视频过渡的效果。

2. 双侧平推门

在"双侧平推门"视频过渡效果中，将从中间向两侧擦除素材 A，显示出素材 B。如图 4-25 所示为添加"双侧平推门"视频过渡的效果。

图 4-24

图 4-25

3. 带状擦除

在"带状擦除"视频过渡效果中，将从两侧呈带状擦除素材 A，显示出素材 B。如图 4-26 所示为添加"带状擦除"视频过渡的效果。

4. 径向擦除

在"径向擦除"视频过渡效果中，将从画面的某一角以射线扫描的状态擦除素材 A，显示出素材 B。如图 4-27 所示为添加"径向擦除"视频过渡的效果。

图 4-26   图 4-27

5. 插入

在"插入"视频过渡效果中，将从画面的某一角开始擦除素材 A，显示出素材 B。如图 4-28 所示为添加"插入"视频过渡的效果。

6. 时钟式擦除

在"时钟式擦除"视频过渡效果中，素材 B 将以时钟转动的形式将素材 A 擦除。如图 4-29 所示为添加"时钟式擦除"视频过渡的效果。

图 4-28   图 4-29

7. 棋盘

在"棋盘"视频过渡效果中，素材 B 将被分为多个方格，方格从上至下坠落直至完全覆盖素材 A。如图 4-30 所示为添加"棋盘"视频过渡的效果。

8. 棋盘擦除

在"棋盘擦除"视频过渡效果中，素材 B 将以多个方块在素材 A 上出现并延伸，最终组合成完整的图像完全覆盖素材 A。如图 4-31 所示为添加"棋盘擦除"视频过渡的效果。

图 4-30

图 4-31

9. 楔形擦除

在"楔形擦除"视频过渡效果中，素材 B 将从素材 A 的中心处楔形旋转至完全覆盖素材 A。如图 4-32 所示为添加"楔形擦除"视频过渡的效果。

10. 水波块

在"水波块"视频过渡效果中，将以类似水波来回推进的形式擦除素材 A，显示出素材 B。如图 4-33 所示为添加"水波块"视频过渡的效果。

图 4-32

图 4-33

11. 油漆飞溅

在"油漆飞溅"视频过渡效果中,将以泼墨的方式擦除素材 A,显示出素材 B。如图 4-34 所示为添加"油漆飞溅"视频过渡的效果。

12. 渐变擦除

在"渐变擦除"视频过渡效果中,将以一个参考图像的灰度值作为渐变依据,根据参考图像由黑到白擦除素材 A,显示出素材 B。如图 4-35 所示为添加"渐变擦除"视频过渡的效果。

图 4-34   图 4-35

13. 百叶窗

在"百叶窗"视频过渡效果中,素材 B 将以百叶窗的形式逐渐显示,直至完全覆盖素材 A。如图 4-36 所示为添加"百叶窗"视频过渡的效果。

14. 螺旋框

在"螺旋框"视频过渡效果中,将以从外向内螺旋状推进的方式擦除素材 A,显示出素材 B。如图 4-37 所示为添加"螺旋框"视频过渡的效果。

图 4-36   图 4-37

15. 随机块

在"随机块"视频过渡效果中,素材 B 将以小方块的形式随机出现,直至完全覆盖素材 A。如

图 4-38 所示为添加"随机块"视频过渡的效果。

16. 随机擦除

在"随机擦除"视频过渡效果中，将按照预设的方向以小方块的形式随机擦除素材 A，显示出素材 B。如图 4-39 所示为添加"随机擦除"视频过渡的效果。

图 4-38   图 4-39

17. 风车

在"风车"视频过渡效果中，素材 B 将以风车转动的方式逐渐显示，直至完全覆盖素材 A。如图 4-40 所示为添加"风车"视频过渡的效果。

图 4-40

■ 4.2.4　沉浸式视频

"沉浸式视频"过渡效果组中包括"VR 光圈擦除""VR 光线""VR 渐变擦除""VR 漏光"等 8 种效果。该组过渡效果可以通过 VR 沉浸式的方式切换场景，下面将针对这 8 种视频过渡效果进行介绍。

1. VR 光圈擦除

"VR 光圈擦除"视频过渡效果可以制作 VR 沉浸式的光圈擦除效果来转换场景。如图 4-41 所示为添加"VR 光圈擦除"视频过渡的效果。

2.VR 光线

"VR 光线"视频过渡效果可以制作 VR 沉浸式的光线过渡效果来转换场景。如图 4-42 所示为添加"VR 光线"视频过渡的效果。

图 4-41 图 4-42

3.VR 渐变擦除

"VR 渐变擦除"视频过渡效果可以制作 VR 沉浸式的渐变擦除效果来转换场景。如图 4-43 所示为添加"VR 渐变擦除"视频过渡的效果。

4.VR 漏光

"VR 漏光"视频过渡效果可以制作 VR 沉浸式的漏光效果来转换场景。如图 4-44 所示为添加"VR 漏光"视频过渡的效果。

图 4-43 图 4-44

5.VR 球形模糊

"VR 球形模糊"视频过渡效果可以制作 VR 沉浸式的球形模糊效果来转换场景。如图 4-45 所示为添加"VR 球形模糊"视频过渡的效果。

6.VR 色度泄漏

"VR 色度泄漏"视频过渡效果可以通过调整 VR 沉浸式的画面颜色来转换场景。如图 4-46 所示为添加"VR 色度泄漏"视频过渡的效果。

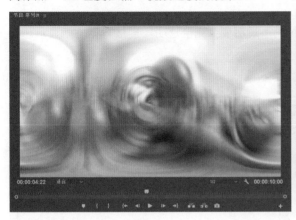 

图 4-45   图 4-46

7.VR 随机块

"VR 随机块"视频过渡效果可以制作 VR 沉浸式的随机块擦除画面效果来转换场景。如图 4-47 所示为添加"VR 随机块"视频过渡的效果。

8.VR 莫比乌斯缩放

"VR 莫比乌斯缩放"视频过渡效果可以制作 VR 沉浸式的莫比乌斯缩放效果来转换场景。如图 4-48 所示为添加"VR 莫比乌斯缩放"视频过渡的效果。

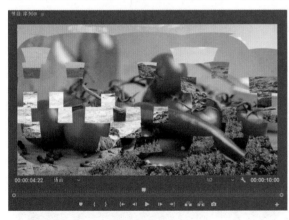 

图 4-47   图 4-48

■ 4.2.5 溶解

"溶解"视频过渡效果组中的效果可以通过淡化、溶解的方式实现过渡,包括"MorphCut""交叉溶解""叠加溶解""渐隐为白色"等 7 种效果。接下来将针对这 7 种效果进行讲解。

1.MorphCut

"MorphCut"视频过渡效果可以修复素材间的跳帧现象。

2. 交叉溶解

"交叉溶解"视频过渡效果将逐步降低素材 A 的不透明度至完全透明,素材 B 则逐渐显示。如图 4-49 所示为添加"交叉溶解"视频过渡的效果。

3. 叠加溶解

在"叠加溶解"视频过渡效果中,素材 A 和素材 B 将以亮度叠加的方式相互融合,素材 A 逐渐变亮的同时慢慢显示出素材 B。如图 4-50 所示为添加"叠加溶解"视频过渡的效果。

图 4-49　　　　　　　　　　　　　　　　图 4-50

4. 渐隐为白色

在"渐隐为白色"视频过渡效果中,素材 A 逐渐变为白色,而素材 B 将从白色中显示出来。如图 4-51 所示为添加"渐隐为白色"视频过渡的效果。

5. 渐隐为黑色

在"渐隐为黑色"视频过渡效果中,素材 A 逐渐变为黑色,而素材 B 将从黑色中显示出来。如图 4-52 所示为添加"渐隐为黑色"视频过渡的效果。

图 4-51　　　　　　　　　　　　　　　　图 4-52

Adobe PremierePro CC 课堂实录

6. 胶片溶解

在"胶片溶解"视频过渡效果中，素材 A 逐渐变为胶片反色至消失，素材 B 将由胶片反色效果逐渐显示至正常颜色。如图 4-53 所示为添加"胶片溶解"视频过渡的效果。

7. 非叠加溶解

在"非叠加溶解"视频过渡效果中，素材 A 从暗部逐渐消失，而素材 B 将从最亮部到最暗部依次显现。如图 4-54 所示为添加"非叠加溶解"视频过渡的效果。

图 4-53　　　　　　　　　　　　　　　　图 4-54

■ 4.2.6　滑动

"滑动"视频过渡效果组中的效果主要是通过滑动画面的方式来转换场景，包括"中心拆分""带状滑动""拆分""推""滑动"5种效果。下面将针对这 5 种效果进行讲解。

1. 中心拆分

在"中心拆分"视频过渡效果中，素材 A 从中心拆分为四个部分，并向四个方向滑动至完全显示出素材 B。如图 4-55 所示为添加"中心拆分"视频过渡的效果。

图 4-55

ACAA课堂笔记

2. 带状滑动

在"带状滑动"视频过渡效果中，素材B以带状从画面两端向中心滑动至合并为完整图像。如图4-56所示为添加"带状滑动"视频过渡的效果。

3. 拆分

在"拆分"视频过渡效果中，素材A从中心分为两个部分并向两侧滑动至完全显示出素材B。如图4-57所示为添加"拆分"视频过渡的效果。

图4-56

图4-57

4. 推

在"推"视频过渡效果中，素材A和素材B并排向画面一侧滑动至素材A完全离开画面。如图4-58所示为添加"推"视频过渡的效果。

5. 滑动

在"滑动"视频过渡效果中，素材B从画面一侧滑动到画面中至完全覆盖素材A。如图4-59所示为添加"滑动"视频过渡的效果。

图4-58

图4-59

Adobe PremierePro CC 课堂实录

■ 4.2.7 缩放

　　"缩放"视频过渡效果组中的效果可以通过缩放图像来完成场景转换。在"交叉缩放"视频过渡效果中,素材 A 将逐渐放大至超出画面,素材 B 将以素材 A 最大的尺寸逐渐缩小至原始尺寸。如图 4-60 所示为添加"交叉缩放"视频过渡的效果。

图 4-60

■ 4.2.8 页面剥落

　　"页面剥落"视频过渡效果组包括"翻页"和"页面剥落"两种效果。该组过渡效果主要是通过翻页使素材 A 消失,显示出素材 B。下面将对这两种效果进行讲解。

1. 翻页

　　在"翻页"视频过渡效果中,素材 A 将以页角对折的方式逐渐消失至完全显示出素材 B。如图 4-61 所示为添加"翻页"视频过渡的效果。

2. 页面剥落

　　在"页面剥落"视频过渡效果中,素材 A 将翻页消失至完全显示出素材 B。如图 4-62 所示为添加"页面剥落"视频过渡的效果。

图 4-61

图 4-62

■ 实例：制作唯美电子相册

本实例将练习制作唯美电子相册，涉及的知识点包括导入素材、嵌套素材、添加视频过渡效果等。下面将介绍具体的步骤。

Step01 打开 Premiere 软件，新建项目和序列，如图 4-63 所示。

Step02 执行"文件"|"导入"命令，在打开的"导入"对话框中选中本章素材文件"照片 1.jpg""照片 2.jpg""照片 3.jpg""照片 4.jpg""照片 5.jpg"和"照片 6.jpg"，完成后单击"确定"按钮，导入效果如图 4-64 所示。

Step03 选中"项目"面板中的素材，将其拖曳至"时间轴"面板中的 V1 轨道上，如图 4-65 所示。

Step04 选中 V1 轨道中的所有素材，按住 Alt 键向上拖曳复制，如图 4-66 所示。

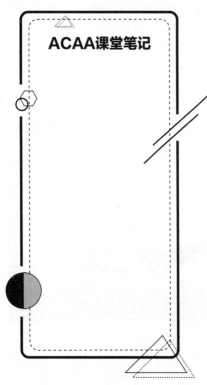

图 4-63

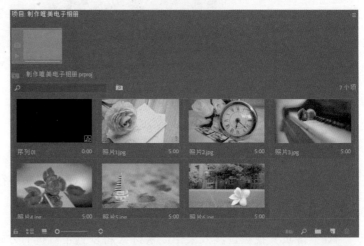

图 4-64

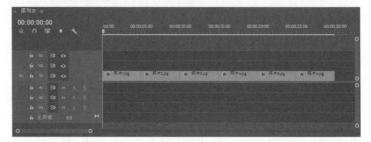

图 4-65

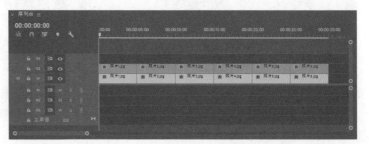

图 4-66

Adobe PremierePro CC 课堂实录

Step05 执行"文件"|"新建"|"旧版标题"命令，打开"新建字幕"对话框，保持默认设置，单击"确定"按钮，打开"字幕"设计面板。在"字幕"设计面板中，使用矩形工具■绘制与画面等大的矩形，在右侧"属性"面板中设置"填充"为无，"内描边"的"颜色"为白色，如图 4-67 所示。

图 4-67

Step06 在"项目"面板中选中新建的字幕素材，将其拖曳至"时间轴"面板的 V3 轨道中，按住 Alt 键向右拖曳复制，效果如图 4-68 所示。

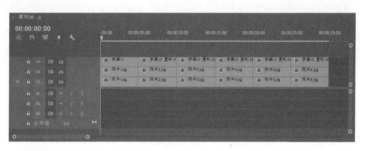

图 4-68

Step07 选中 V2 轨道中第一个素材与 V3 轨道中第一个素材，右击鼠标，在弹出的快捷菜单中选择"嵌套"命令，设置嵌套序列名称为"照片 1"，将素材文件嵌套，如图 4-69 所示。

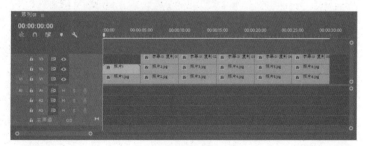

图 4-69

Step08 使用相同的方法，依次嵌套 V2 轨道和 V3 轨道中的素材，如图 4-70 所示。

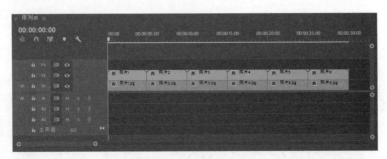

图 4-70

Step09 选中嵌套素材"照片 1"，在"效果控件"面板中设置"缩放"为 70，效果如图 4-71 所示。

图 4-71

Step10 使用相同的方法，依次调整其余嵌套素材的"缩放"参数，效果如图 4-72 所示。

图 4-72

Adobe PremierePro CC 课堂实录

Step11 在"效果"面板中搜索"推"视频过渡效果，将其拖曳至嵌套素材"照片 1"和"照片 2"之间，如图 4-73 所示。

Step12 选中添加的视频过渡效果，单击控制视频过渡效果起始位置的控件上部的三角，设置视频过渡方向，如图 4-74 所示。

Step13 使用相同的方法添加"推"视频过渡效果并调整方向，如图 4-75 所示。

Step14 在"效果"面板中搜索"交叉溶解"视频过渡效果，将其拖曳至 V1 轨道素材之间，如图 4-76 所示。

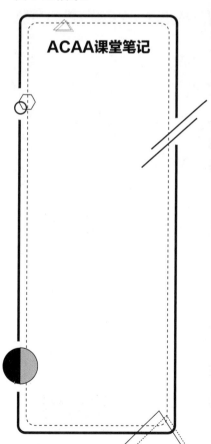

ACAA课堂笔记

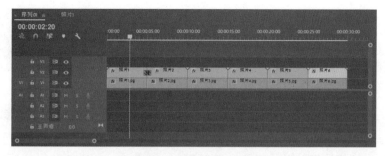

图 4-73

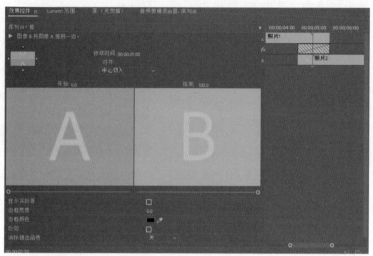

图 4-74

图 4-75

图 4-76

Step15 在"效果"面板中搜索"查找边缘"视频效果,将其拖曳至 V1 轨道中的第一个素材上,在"效果控件"面板中调整参数,如图 4-77 所示。调整后效果如图 4-78 所示。

Step16 在"效果控件"面板中选中"查找边缘"视频效果,按 Ctrl+C 组合键复制。选中 V1 轨道中的第二个素材,按 Ctrl+V 组合键粘贴,效果如图 4-79 所示。

Step17 使用相同的方法,复制"查找边缘"视频效果至 V1 轨道中的其他素材上,最终效果如图 4-80 所示。

至此,完成唯美电子相册的制作。

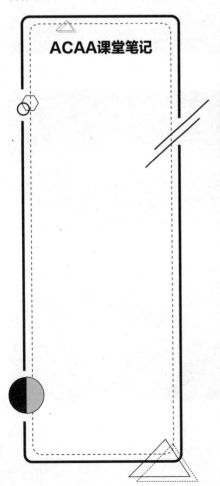

图 4-77

图 4-78

图 4-79

图 4-80

课堂实战——制作影片开头效果

经过本章的学习,下面将运用所学知识制作影片开头效果,这里涉及的知识点包括导入素材、调整素材持续时间、添加视频过渡等。具体步骤如下。

Step01 打开 Premiere 软件,新建项目和序列,如图 4-81 所示。

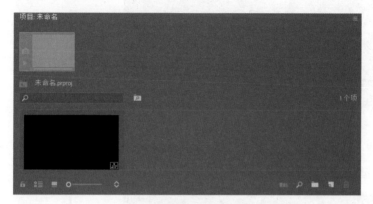

图 4-81

Step02 执行"文件"|"导入"命令,在打开的"导入"对话框中选中本章素材文件"森林.mp4"和"字幕.png",完成后单击"确定"按钮,导入效果如图 4-82 所示。

图 4-82

Step03 在"项目"面板中选中素材"森林.mp4",将其拖曳至"时间轴"面板的 V1 轨道中,右击鼠标,在弹出的快捷菜单中选择"速度/持续时间"命令,调整该素材持续时间为 23 秒,效果如图 4-83 所示。

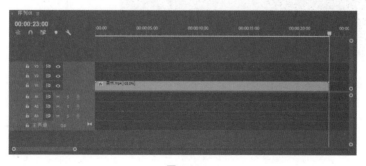

图 4-83

Step04 在"项目"面板中选中素材"字幕 .png",将其拖曳至"时间轴"面板的 V2 轨道中,如图 4-84 所示。

图 4-84

Step05 在"效果"面板中搜索"交叉缩放"视频过渡效果,将其拖曳至 V2 轨道素材末端,如图 4-85 所示。

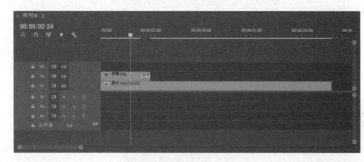

图 4-85

Step06 选中添加的视频过渡效果,在"效果控件"面板中进行设置,如图 4-86 所示。

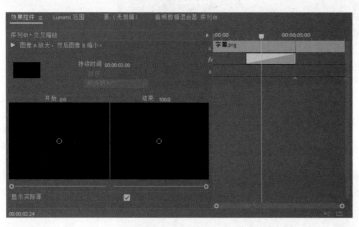

图 4-86

Step07 移动时间线至 00:00:06:00 处,使用文字工具 T 在"节目"监视器面板中合适位置输入文字,如图 4-87 所示。

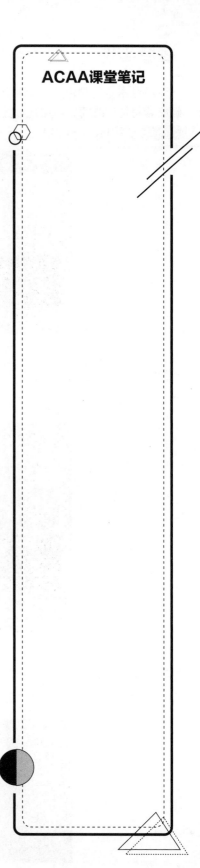

ACAA课堂笔记

Adobe PremierePro CC 课堂实录

图 4-87

Step08 在"时间轴"面板中选中新添加的字幕素材,右击鼠标,在弹出的快捷菜单中选择"速度 / 持续时间"命令,调整该素材持续时间为 3 秒,效果如图 4-88 所示。

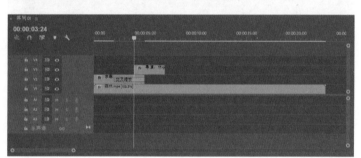

图 4-88

Step09 选中新添加的字幕素材,在"效果控件"面板中调整参数,如图 4-89 所示。

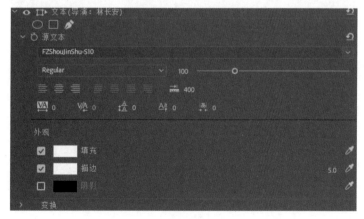

图 4-89

Step10 在"效果"面板中搜索"交叉溶解"视频过渡效果，将其拖曳至新添加的字幕素材首端与末端，如图 4-90 所示。

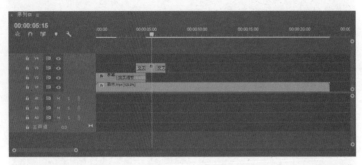

图 4-90

Step11 选中 V3 轨道中的字幕素材，按住 Alt 键向后拖曳复制，如图 4-91 所示。

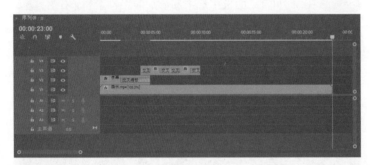

图 4-91

Step12 选中复制的素材，使用文字工具 T 修改文字内容，如图 4-92 所示。

图 4-92

Step13 选中复制的素材，在"效果控件"面板中调整位置参数，如图 4-93 所示。调整后效果如图 4-94 所示。

图 4-93

图 4-94

Step14 使用相同的方法，复制并修改文字内容与位置，最终
效果如图 4-95 所示。

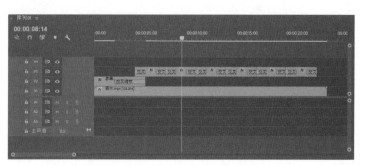

图 4-95

Step15 在"效果"面板中搜索"渐隐为黑色"视频过渡效果，
将其拖曳至 V1 轨道素材末端，如图 4-96 所示。

图 4-96

Step16 播放效果如图 4-97 所示。

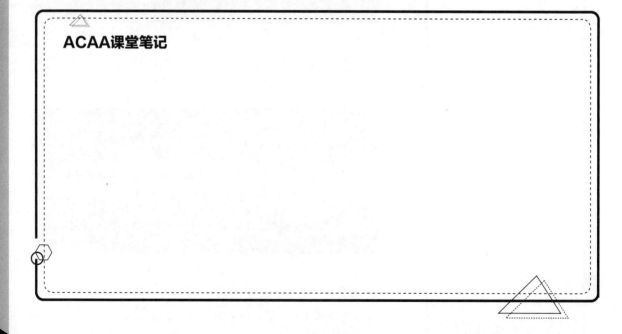

图 4-97

至此，完成影片开头效果的制作。

ACAA课堂笔记

课后作业

一、选择题

1. 下列（　　）不能为剪辑片段添加视频过渡效果。
A. 直接将转场效果拖曳到剪辑片段中间位置
B. 直接将转场效果拖曳到剪辑片段的入点位置
C. 直接剪辑片段的出点位置
D. 将视频过渡效果拖曳到两个连接在一起的剪辑片段之间

2. 以下（　　）视频过渡可以自定义视频过渡形状。
A. 圆划像
B. 页面剥落
C. 渐变擦除
D. 胶片溶解

3. 以下关于在 Premiere 中施加视频过渡效果的描述不正确的是（　　）。
A. 视频效果也可以作为视频过渡效果添加到素材的入出点位置
B. 添加视频过渡效果必须使用视频过渡组的效果
C. 视频过渡效果的参数在"效果控件"面板中调整
D. 可以使用选择工具调整视频过渡效果长度

4. 如果两段剪辑片段入出点之外没有多余的素材来制作转场，那么在添加转场时（　　）。
A. 总时间变长，Premiere 自动拉长转场部分的素材匹配转场
B. 总时间不变，转场中包含重复的帧
C. 总时间变短，Premiere 自动剪辑素材匹配转场
D. Premiere 会提示选择以上三种方法中的一种

5. 以下（　　）不属于视频过渡效果。
A. 渐隐为黑色
B. 油漆飞溅
C. 立方体旋转
D. 块溶解

二、填空题

1. Premiere 软件中默认的视频过渡效果是_____。
2. 视频过渡效果的对齐方式包括_____、_____、_____和_____四种。
3. _____视频过渡效果组中的效果主要是通过滑动画面的方式来转换场景。

三、操作题

1. 制作水果切换动画。

（1）效果如图 4-98 所示。

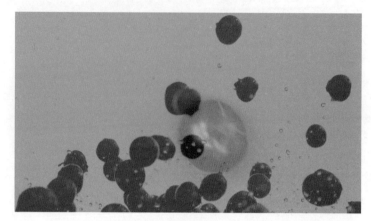

图 4-98

（2）操作思路。

导入本章素材后，将其拖曳至"时间轴"面板中，调整至合适大小。

取消音频链接，删除多余的音频素材。

在视频素材之间添加视频过渡效果，并调整持续时间即可。

2.制作四季变化短视频。

（1）效果如图 4-99 所示。

图 4-99

（2）操作思路。

打开 Premiere 软件，导入本章素材。

将素材文件依次置入"时间轴"面板中，添加视频过渡效果即可。

第 5 章

字幕设计

内容导读

　　一个完整的影视作品，文字是必不可少的元素。通过添加文字信息，可以美化画面，揭示影片主题，丰富影片内容。在 Premiere 软件中，用户可以通过多种方式添加文字，并对其进行编辑调整。本章将对此进行讲解。

学习目标

» 了解 Premiere 软件中字幕的种类

» 学会如何新建字幕

» 学会使用"字幕"设计面板

5.1 字幕的创建

文字是影视设计中非常重要的元素，它可以帮助用户美化视频画面、展示视频内容等。本小节将针对文字字幕的创建进行讲解。

5.1.1 字幕的种类

Premiere 软件中创建的字幕包括静止图像、滚动、向左游动和向右游动 4 种类型，如图 5-1 所示。下面将针对这几种类型的字幕进行讲解。

1. 静止图像字幕

静止图像字幕即随着时间的变化，停留在画面指定位置不动的字幕。如图 5-2 所示为静止字幕。

图 5-1

图 5-2

若想使该类型字幕产生移动、变换等效果，可以通过设置关键帧等方式来实现。

2. 滚动字幕

滚动字幕即随着时间变化，从下至上做垂直运动的字幕。字幕文件持续时间越长，滚动速度越慢。如图 5-3 所示为滚动字幕效果。

图 5-3

3. 游动字幕

游动字幕分为"向左游动"和"向右游动"两种，该种类型的字幕会随着时间变化，沿画面水平方向运动。字幕文件持续时间越长，游动速度越慢。如图 5-4 所示为向右游动字幕效果。

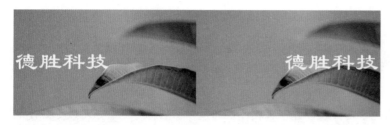

图 5-4

5.1.2 新建字幕

在 Premiere 软件中，有两种常用的创建字幕的方法，即通过文字工具 T 创建字幕和通过"旧版标题"命令创建字幕。下面将对这两种方法进行讲解。

1. 通过文字工具 T 创建字幕

单击"工具"面板中的文字工具 T 按钮，在"节目"监视器面板中单击并输入文字，即可创建字幕。如图 5-5 所示为在"节目"监视器面板中创建的字幕。

图 5-5

在"节目"监视器面板中创建字幕后，"时间轴"面板中的轨道上将自动出现字幕文件，如图 5-6 所示。

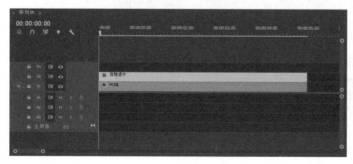

图 5-6

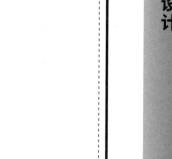

第 5 章

字幕设计

选中创建的字幕，在"效果控件"面板中可以对字幕的字体、大小、颜色等外观参数进行设置，如图 5-7 所示。

2. 通过"旧版标题"命令创建字幕

除了使用"工具"面板中的文字工具 **T** 创建字幕外，还有一种非常便捷的方法，就是通过"旧版标题"命令来创建字幕。与使用文字工具 **T** 创建字幕相比，通过"旧版标题"命令可以更方便地对文字属性及位置等进行调整。

执行"文件"|"新建"|"旧版标题"命令，打开"新建字幕"对话框，在该对话框中设置字幕素材基本属性后单击"确定"按钮，即可打开"字幕"设计面板。在"字幕"设计面板中，使用文字工具 **T** 在工作区域输入文字，在其他区域中对输入的文字进行设置，完成后"项目"面板中将出现字幕素材，将其拖曳至"时间轴"面板中即可。如图 5-8 所示为在"字幕"设计面板中输入文字的效果。

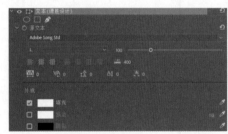

图 5-7　　　　　　　　　　　　　　　　图 5-8

■ 实例：制作流光文字

本实例将练习制作流光文字，涉及的知识点包括新建字幕、创建蒙版等。下面将对具体的操作进行讲解。

Step01 打开 Premiere 软件，新建项目和序列，如图 5-9 所示。

图 5-9

Step02 执行"文件"|"新建"|"旧版标题"命令，打开"新建字幕"对话框，保持默认设置后单击"确定"按钮，打开"字幕"设计面板，如图 5-10 所示。

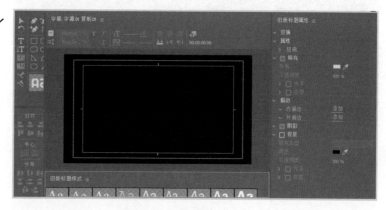

图 5-10

Step03 选中文字工具 T，在工作区域输入文字，调整大小和字体，如图 5-11 所示。

图 5-11

Step04 在"项目"面板中选中字幕素材，将其拖曳至"时间轴"面板中的 V1 轨道上，如图 5-12 所示。

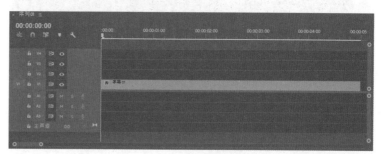

图 5-12

Step05 选中 V1 轨道上的素材，按住 Alt 键向上拖曳复制，如图 5-13 所示。

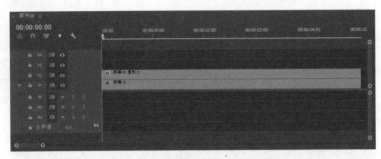

图 5-13

Step06 双击 V2 轨道中的字幕素材，打开"字幕"设计面板，取消勾选"纹理"复选框，去除纹理效果，如图 5-14 所示。

图 5-14

Step07 选中 V2 轨道中的素材，在"效果控件"面板中单击"不透明度"属性下的"创建椭圆形蒙版"按钮▣，然后在"节目"监视器面板中绘制椭圆，如图 5-15 所示。

图 5-15

Adobe PremierePro CC 课堂实录

Step08 在"效果控件"面板中调整羽化参数,效果如图 5-16 所示。

Step09 选中 V2 轨道中的素材,移动时间线至起始位置,在"效果控件"面板中单击"蒙版路径"参数前的"切换动画"按钮⏱,添加关键帧,如图 5-17 所示。

Step10 移动时间线至素材末端,在"节目"监视器面板中移动蒙版位置至文字末端,如图 5-18 所示。此时该时间线处将自动添加关键帧。

Step11 在"节目"监视器面板中预览效果如图 5-19 所示。

至此,完成流光文字的制作。

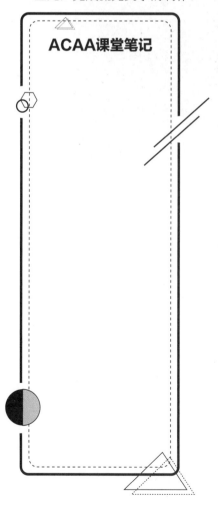

ACAA课堂笔记

图 5-16

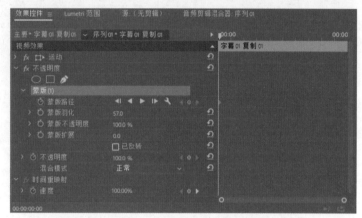

图 5-17

图 5-18

图 5-19

第 5 章 字幕设计

5.2 调整字幕效果

使用"旧版标题"命令创建字幕后，若对字幕效果不满意，可以双击字幕素材打开"字幕"设计面板，对字幕属性进行调整。下面将针对如何调整字幕效果进行讲解。

5.2.1 认识"字幕"设计面板

"字幕"设计面板中包括"工具"面板、"动作"面板、"属性"面板、"样式"面板以及"字幕"面板 5 个区域，如图 5-20 所示。

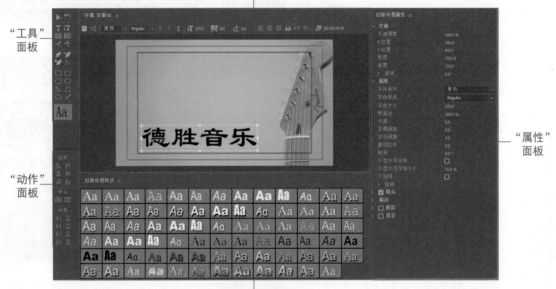

图 5-20

其中，各面板作用如下。

- ◎ "工具"面板：用于存放创建字幕时会用到的工具，包括选择工具、文字工具和形状工具等。
- ◎ "动作"面板：用于设置已创建字幕的对齐与分布。
- ◎ "属性"面板：用于设置字幕的基础属性。
- ◎ "样式"面板：用于选择预设好的字幕样式。
- ◎ "字幕"面板：用于显示字幕效果以及对字幕进行一些简单的调整。

> **知识点拨**
>
> 单击"字幕"面板主工作区域上方的▤按钮，即可打开"滚动/游动选项"对话框设置字幕类型。

5.2.2 更改字幕属性

在"字幕"设计面板中的"属性"面板上，用户可以对通过"旧版标题"命令创建的字幕的属性进行修改。下面将对此进行讲解。

（左侧竖排）Adobe PremierePro CC 课堂实录

◎ 变换：在"变换"折叠菜单中，可以对字幕的不透明度、位置、宽高度、角度等属性进行设置。

◎ 属性：在"属性"折叠菜单中，可以对字幕的字体、样式、大小以及字符间距等属性进行设置。

◎ 填充：在"填充"折叠菜单中，可以对字幕的填充颜色及不透明度等属性进行设置。

◎ 描边：在"描边"折叠菜单中，可以对字幕的描边属性进行设置。

◎ 阴影：在"阴影"折叠菜单中，可以设置字幕阴影属性。

◎ 背景：在"背景"折叠菜单中，可以对字幕的背景属性进行设置。

■ 实例：制作镂空字幕

本实例将练习制作镂空字幕，涉及的知识点包括新建字幕、添加视频效果等。下面将介绍具体的操作步骤。

Step01 打开 Premiere 软件，新建项目与序列。执行"文件"|"导入"命令，在打开的"导入"对话框中选中本章素材文件"运动 .mp4"，完成后单击"确定"按钮，导入效果如图 5-21 所示。

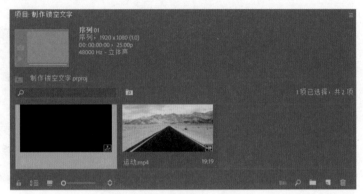

图 5-21

Step02 在"项目"面板中选中素材"运动 .mp4"，将其拖曳至"时间轴"面板中的 V1 轨道上，如图 5-22 所示。

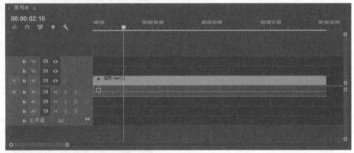

图 5-22

Step03 执行"文件"|"新建"|"旧版标题"命令，打开"新建字幕"对话框，保持默认设置后单击"确定"按钮，打开"字幕"设计面板，如图 5-23 所示。

ACAA课堂笔记

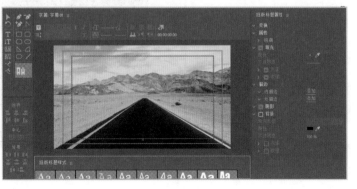

图 5-23

第 5 章 字幕设计

Step04 选中文字工具 **T**，在工作区域输入文字，在"属性"面板中设置字幕属性，如图5-24所示。

Step05 在"项目"面板中选中字幕素材，将其拖曳至"时间轴"面板中的V2轨道上，调整其持续时间与V1轨道中素材一致，如图5-25所示。

Step06 在"效果"面板中搜索"轨道遮罩键"视频效果，将其拖曳至V1轨道素材中，在"效果控件"面板中调整该效果参数，如图5-26所示。

Step07 调整后效果如图5-27所示。

至此，完成镂空字幕的制作。

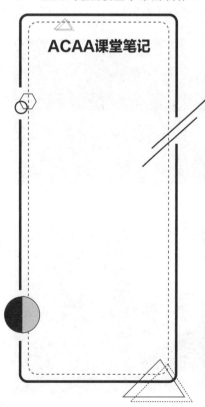

ACAA课堂笔记

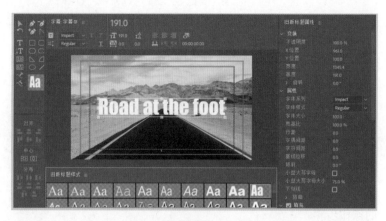

图 5-24

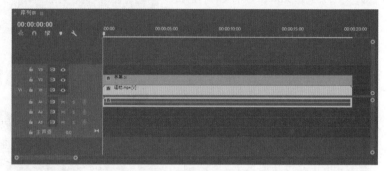

图 5-25

图 5-26

图 5-27

Adobe PremierePro CC 课堂实录

5.2.3　创建形状

除了创建字幕，用户还可以通过"字幕"设计面板中"工具"面板里的形状工具及钢笔工具创建形状。与字幕相同，创建的形状将以素材的形式在"项目"面板中出现，将其拖曳至"时间轴"面板中即可应用。如图 5-28 所示为在"字幕"设计面板中创建的圆角矩形及字幕。

图 5-28

5.2.4　字幕的对齐与分布

"字幕"设计面板上"动作"面板中的各个按钮可以帮助用户排列或分布文字及形状，其中各按钮组作用如下。

◎ 对齐：用于设置文字或形状的对齐方式。
◎ 中心：用于调整文字或形状与画面中心对齐。
◎ 分布：用于设置文字或形状的分布。

5.2.5　添加字幕样式

"样式"面板中包含多种预设好的字幕样式，用户选择一种样式后，即可创建带有所选预设字幕样式的文字。如图 5-29 所示为"样式"面板。

图 5-29

课堂实战——制作影视片片尾

经过本章内容的学习后，下面将利用"字幕"设计面板及视频效果制作影视片片尾。具体操作步骤如下。

Step01 打开 Premiere 软件，新建项目与序列。执行"文件"|"导入"命令，在打开的"导入"对话框中选中本章素材文件"城市 .mp4"，完成后单击"确定"按钮，导入效果如图 5-30 所示。

图 5-30

Step02 在"项目"面板中选中素材"城市 .mp4"，将其拖曳至"时间轴"面板中的 V1 轨道上，如图 5-31 所示。

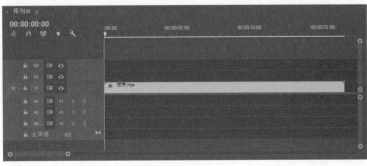

图 5-31

Step03 选中 V1 轨道中的素材，按住 Alt 键向上拖曳复制，如图 5-32 所示。

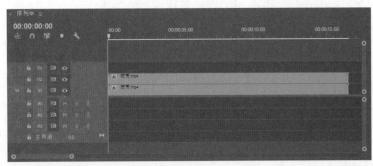

图 5-32

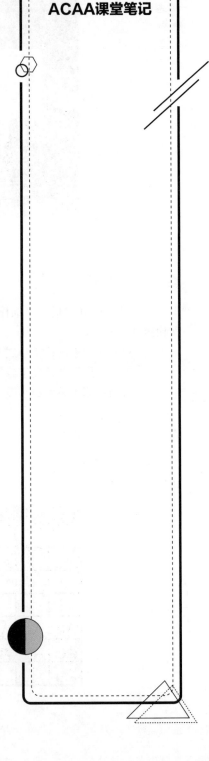

ACAA课堂笔记

Step04 执行"文件"|"新建"|"旧版标题"命令，打开"新建字幕"对话框，保持默认设置，单击"确定"按钮，打开"字幕"设计面板，在其中输入并调整文字，如图5-33所示。

图 5-33

Step05 在"项目"面板中选中字幕素材，将其拖曳至"时间轴"面板中的V3轨道上，调整其持续时间与V2轨道中素材一致，如图5-34所示。效果如图5-35所示。

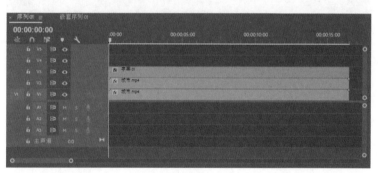

图 5-34

图 5-35

Step06 选中 V2 轨道和 V3 轨道中的素材，右击鼠标，在弹出的快捷菜单中选择"嵌套"命令，效果如图 5-36 所示。

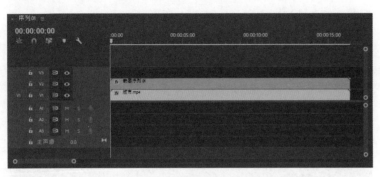

图 5-36

Step07 双击嵌套序列素材，进入嵌套序列，在"效果"面板中搜索"叠加溶解"视频过渡效果，将其拖曳至字幕素材首端，如图 5-37 所示。

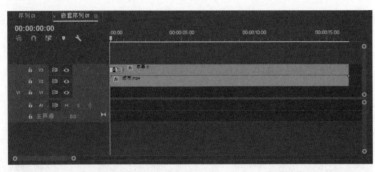

图 5-37

Step08 选中视频过渡效果，在"效果控件"面板中设置持续时间为 00:00:02:00，效果如图 5-38 所示。

图 5-38

Step09 单击"时间轴"面板中的"序列 01"标签，回到原序列中。在"效果"面板中搜索"基本 3D"视频效果，将其拖曳至 V2 轨道中的嵌套序列上，如图 5-39 所示。

Adobe PremierePro CC 课堂实录

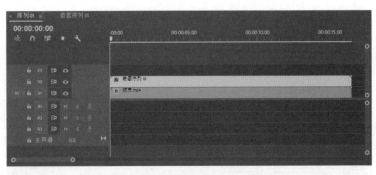

图 5-39

Step10 选中嵌套序列，移动时间线至起始位置，在"效果控件"面板中单击"位置"属性、"基本 3D"属性中的"旋转"和"与图像的距离"属性前的"切换动画"按钮，添加关键帧，如图 5-40 所示。

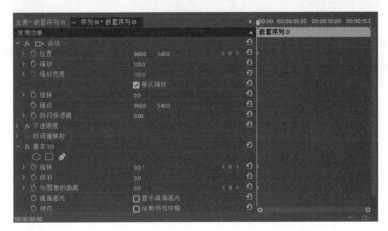

图 5-40

Step11 移动时间线至 00:00:05:00 处，调整"位置"属性、"基本 3D"属性中的"旋转"和"与图像的距离"属性参数，添加关键帧，如图 5-41 所示。

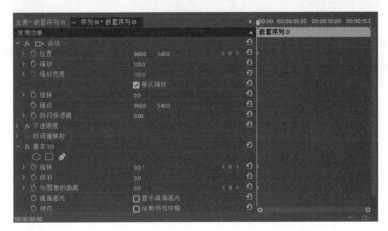

图 5-41

第 5 章

字幕设计

Step12 选中所有关键帧，右击鼠标，在弹出的快捷菜单中选择"临时插值"子菜单中的"缓入"与"缓出"命令，使动画切换平缓，如图 5-42 所示。

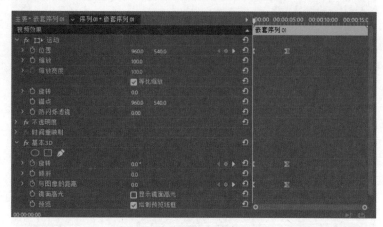

图 5-42

Step13 在"效果"面板中搜索"高斯模糊"效果，将其拖曳至 V1 轨道中的素材上，在"效果控件"面板中设置参数，如图 5-43 所示，效果如图 5-44 所示。

图 5-43

图 5-44

Step14 执行"文件"|"新建"|"旧版标题"命令，打开"新建字幕"对话框，保持默认设置后单击"确定"按钮，打开"字幕"设计面板，在其中输入并调整文字，如图 5-45 所示。

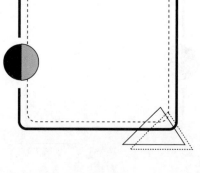

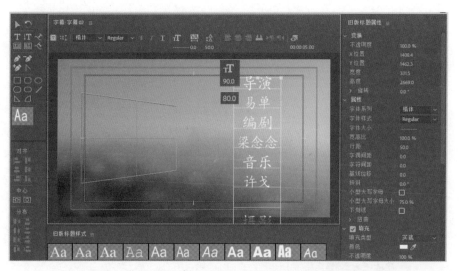

图 5-45

图 5-46

Step15 选中输入的文字，单击"滚动 / 游动"按钮，在打开的"滚动 / 游动选项"对话框中进行设置，如图 5-46 所示。设置后，文字在"字幕"设计面板中的显示效果如图 5-47 所示。

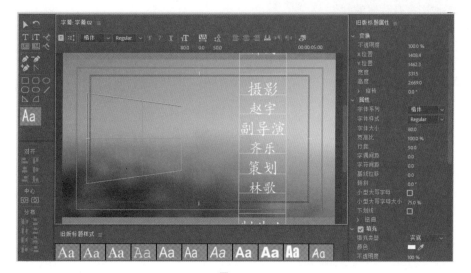

图 5-47

Step16 关闭"字幕"设计面板，在"项目"面板中拖曳新建字幕至 V3 轨道中，并调整持续时间，如图 5-48 所示。

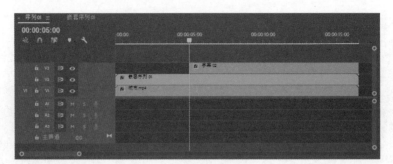

图 5-48

Step17 在"节目"监视器面板中预览效果，如图 5-49 所示。

图 5-49

至此，完成影视片片尾的制作。

ACAA课堂笔记

课后作业

一、选择题

1. 以下关于在 Premiere 中建立运动字幕描述不正确的是（　　）。

A. 字幕类型除了"静止图像"，都是运动字幕

B. "滚动"字幕是从下向上运动的字幕

C. 可以同时选择"滚动"和"向左 / 右游动"制作 45° 方向运动字幕

D. "向左 / 右游动"字幕是水平移动的字幕

2. 如果让字幕从屏幕外开始向上滚动，应该设置下列（　　）参数。

A. 开始于屏幕外

B. 结束于屏幕外

C. 停止于屏幕外

D. 停止于屏幕内

3. 我们可以把定制的字幕样式保存下来以方便使用，存储在硬盘上的字幕样式文件的扩展名是（　　）。

A. PRPJOJ

B. PPJ

C. PTL

D. PRSL

二、填空题

1. _____随着时间变化，从下至上做垂直运动。

2. Premiere 软件中创建的字幕包括_____、_____、_____和_____四种类型。

3. 通过"_____"命令创建的字幕不会在"时间轴"面板中出现，需要手动拖曳至"时间轴"面板中。

三、操作题

1. 制作水波文字效果。

（1）效果如图 5-50 所示。

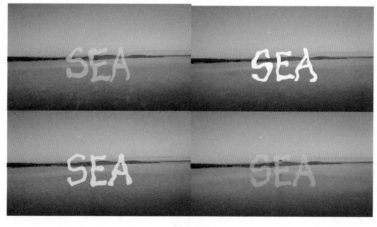

图 5-50

（2）操作思路。

打开 Premiere 软件，导入视频素材后，创建字幕。

在"效果控件"面板为字幕添加"不透明度"关键帧。

在字幕上添加"紊乱置换"效果，并设置关键帧，调整参数即可。

2. 制作弹幕效果。

（1）效果如图 5-51 所示。

图 5-51

（2）操作思路。

打开 Premiere 软件，导入视频素材后，使用"旧版标题"命令创建字幕。

在"字幕"设计面板中设置字幕向左游动即可。

第<6>章 ——————

视频特效

内容导读

Premiere 软件中非常重要的一个功能就是视频特效。通过添加视频特效，可以对素材的颜色、风格、质感等进行调整，结合关键帧的使用更可以获得特殊的视觉感受。本章将针对视频特效的应用及关键帧的应用进行讲解。

学习目标

» 了解视频特效

» 学会设置视频特效

» 学会关键帧的应用

» 了解不同视频特效的作用

6.1 视频特效概述

Premiere 软件中包括多种视频特效，在视频编辑的过程中，使用这些特效，可以帮助用户制作出更优质的视频效果。Premiere 软件中的特效分为内置视频特效和外挂视频特效两种，下面将针对这些视频特效进行简单介绍。

■ 6.1.1 内置视频特效

Premiere 内置视频特效一共有 19 组，如图 6-1 所示。其中比较常用的有"图像控制"视频特效组、"扭曲"视频特效组、"调整"视频特效组、"透视"视频特效组、"通道"视频特效组、"颜色校正"视频特效组等。

内置视频特效无须安装，打开 Premiere 软件即可使用。

■ 6.1.2 外挂视频特效

外挂视频特效是指第三方提供的插件特效，一般需要安装。用户可以通过使用不同的外挂视频特效制作出 Premiere 软件自身不易制作或无法实现的某些特效。

■ 6.1.3 视频特效参数设置

在"效果"面板中选择合适的视频效果，将其拖曳至"时间轴"面板中的素材上，即可为素材添加视频特效。选中添加视频特效的素材，打开"效果控件"面板，即可对添加的视频特效进行设置。如图 6-2 所示为添加"四色渐变"视频特效的"效果控件"面板。

图 6-1

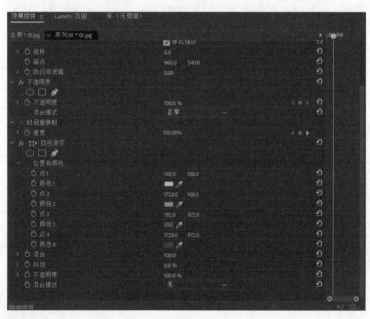

图 6-2

调整后效果如图 6-3 所示。

图 6-3

6.2 关键帧和遮罩跟踪效果

帧是动画中最小单位的单幅影像画面。通过给出两个不同时间点的关键状态来添加关键帧,即可在这两个关键帧之间添加动画效果。下面将针对关键帧进行具体讲解。

6.2.1 添加关键帧

Premiere 软件中常用的添加关键帧的方法是通过"效果控件"面板,下面将对其进行介绍。

选中"时间轴"面板中的素材文件,在"效果控件"面板中单击参数前的"切换动画"按钮 ,即可在当前时间标记处添加关键帧。移动时间标记至下一处需要添加关键帧的位置,调整参数后,该时间标记处自动出现关键帧,此时两个关键帧之间将创建动画效果。如图 6-4 所示为添加"位置"关键帧后"效果控件"面板中的设置。

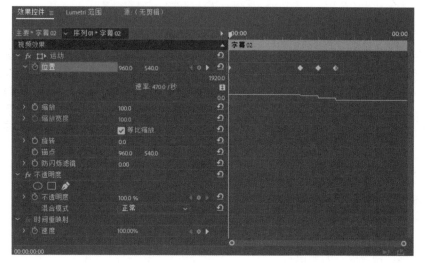

图 6-4

通过"节目"监视器面板添加关键帧：在"效果控件"面板中创建第一个关键帧后，在"节目"监视器面板中选中该素材并双击，显示其控制框，移动时间标记至下一关键帧的位置，变换素材，即可创建关键帧。

■ 6.2.2　调整运动效果

在 Premiere 软件中，可以利用创建关键帧的方法，对素材进行移动、旋转、消失等操作。本小节将详细讲解利用关键帧制作素材运动效果的方法。

1. 位置

通过给素材不同时间节点的"位置"属性添加关键帧并调整"位置"参数，可以使素材产生移动效果。

2. 缩放

在不同时间节点上的"缩放"属性上添加关键帧并调整"缩放"参数，可以使素材产生缩放效果。

3. 旋转

在不同时间节点上的"旋转"属性上添加关键帧并调整"旋转"参数，可以使素材角度产生变化。

4. 不透明度

通过给素材不同时间节点的"不透明度"属性添加关键帧并调整"不透明度"参数，可以制作素材渐隐渐现的效果。

5. 防闪烁滤镜

"防闪烁滤镜"可以解决图像中的细线和锐利边缘显示在隔行扫描显示器上的闪烁问题。数值越高，强度越大，消除的闪烁也越多，但图像也会随之变淡。

■ 6.2.3　处理关键帧插值

添加关键帧后，可以通过调节关键帧插值来平滑动画效果。调整关键帧插值，可以在两个关键帧之间生成新值，使运动效果平滑。

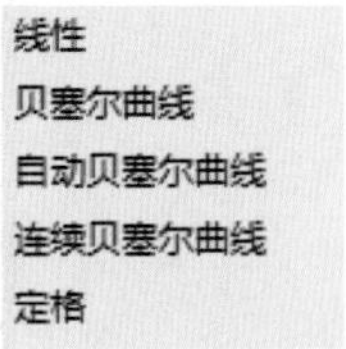

Premiere 软件中包括 7 种插值方法，选中"效果控件"面板中的关键帧，右击鼠标，在弹出的快捷菜单中可以选择需要的插值方法，如图 6-5 所示。

其中，各插值方法作用如下。

线性
贝塞尔曲线
自动贝塞尔曲线
连续贝塞尔曲线
定格

图 6-5

◎ 线性：用于创建匀速变化的插值。
◎ 贝塞尔曲线：用于提供手柄，创建自由变化的插值。
◎ 自动贝塞尔曲线：用于创建具有平滑速率变化的插值。
◎ 连续贝塞尔曲线：与自动贝塞尔曲线类似，但提供一些手动控件进行调整。
◎ 定格：用于创建定格插值。
◎ 缓入：用于创建缓入的插值。
◎ 缓出：用于创建缓出的插值。

■ 6.2.4 遮罩和跟踪效果

在 Premiere 软件中，用户可以通过创建蒙版来制作遮罩效果，并使用关键帧跟踪蒙版，将其动画化。

若想为素材创建遮罩，可以单击"效果控件"面板中"不透明度"参数下面的 ○ □ ✐ 按钮，在"节目"监视器面板中绘制形状，即可创建蒙版。此时，"效果控件"面板中出现"蒙版"属性，如图 6-6 所示。

图 6-6

其中，"蒙版"属性中各选项作用如下。

◎ 蒙版路径：用于添加关键帧，设置跟踪效果。若蒙版停止跟踪剪辑，可以停止后重新调整蒙版，再重新开始跟踪。

◎ 蒙版羽化：用于羽化蒙版边缘。

◎ 蒙版不透明度：用于调整蒙版的不透明度。

◎ 蒙版扩展：用于扩展蒙版范围。

◎ 已反转：勾选该复选框，蒙版范围将被反转。

■ 实例：制作移轴微观模型效果

本实例将练习制作移轴微观模型效果，涉及的知识点包括添加视频效果、蒙版等。下面将介绍具体的操作步骤。

`Step01` 打开 Premiere 软件，新建项目和序列。执行"文件"|"导入"命令，在打开的"导入"对话框中选中本章素材文件"车流 .mp4"，完成后单击"确定"按钮，导入效果如图 6-7 所示。

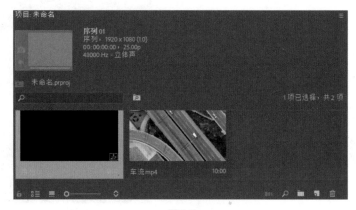

图 6-7

第 6 章 视频特效

Step02 在"项目"面板中选中素材
"车流.mp4",将其拖曳至"时间轴"
面板中的 V1 轨道上,如图 6-8 所示。

Step03 在"效果"面板中搜索"高
斯模糊"视频效果,将其拖曳至 V1
轨道中的素材上,在"效果控件"
面板中设置参数,如图 6-9 所示,
效果如图 6-10 所示。

Step04 单击"效果控件"面板中
"高斯模糊"参数下的"创建 4 点
多边形蒙版"按钮,在"节目"监
视器面板中调整蒙版大小,如图 6-11
所示。

Step05 在"效果控件"面板中调整
蒙版参数,如图 6-12 所示。调整后
效果如图 6-13 所示。

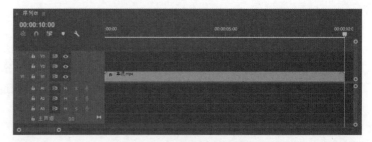

图 6-8

图 6-9

图 6-10

图 6-11

图 6-12

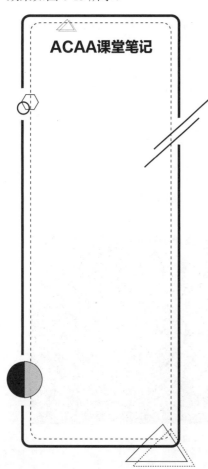

ACAA课堂笔记

图 6-13

至此，完成移轴微观模型的制作。

6.3 视频效果的应用

使用 Premiere 软件剪辑素材时，用户可以通过为素材添加视频效果的方式来实现理想的画面效果。本节将针对 Premiere 软件中常见的内置视频特效进行讲解。

■ 6.3.1 变换

"变换"视频效果组中的效果既可以使素材对象翻转，也可以改变其大小，或羽化其边缘。如图 6-14 所示为该视频效果组中所包含的效果，下面将针对该组中的效果进行讲解。

图 6-14

1. 垂直翻转

"垂直翻转"效果可以垂直翻转素材对象。在"效果"面板中选择"垂直翻转"效果，将其拖曳至"时间轴"面板中的素材上，即可在"节目"监视器面板中看到翻转的素材，如图 6-15、图 6-16 所示分别为翻转前后的效果对比。

图 6-15

图 6-16

2. 水平翻转

"水平翻转"效果可以水平翻转素材对象。在"效果"面板中选择"水平翻转"效果,将其拖曳至"时间轴"面板中的素材上,即可在"节目"监视器面板中看到翻转的素材。如图 6-17 所示为添加"水平翻转"效果的素材。

3. 羽化边缘

"羽化边缘"效果可以使素材对象画面周围产生羽化的效果。在"效果"面板中选择"羽化边缘"效果,将其拖曳至"时间轴"面板中的素材上,在"效果控件"面板中调整"羽化边缘"参数,即可在"节目"监视器面板中预览效果。如图 6-18 所示为添加"羽化边缘"效果的素材。

图 6-17

图 6-18

4. 裁剪

"裁剪"效果可以裁剪素材边缘。在"效果"面板中选择"裁剪"效果,将其拖曳至"时间轴"面板中的素材上,在"效果控件"面板中调整"裁剪"参数,即可在"节目"监视器面板中预览效果。如图 6-19 所示为"效果控件"面板中"裁剪"效果的参数设置。

图 6-19

其中,"左侧""顶部""右侧""底部"4 项分别用于设置画面同方向裁剪的大小;"缩放"复选框用于设置是否根据画布大小缩放裁剪后的素材;"羽化边缘"用于设置裁剪后的素材边缘羽化程度。

6.3.2 图像控制

"图像控制"视频效果组中的效果可以处理素材图像中的特定颜色,制作特殊的视觉效果。如图 6-20 所示为该视频效果组中所包含的效果。下面将针对该组中的效果进行讲解。

图 6-20

Adobe PremierePro CC 课堂实录

1. 灰度系数校正

"灰度系数校正"效果可以在不改变图像高亮区域的情况下使图像变亮或变暗。

2. 颜色平衡（RGB）

"颜色平衡（RGB）"效果可以通过调整素材对象 RGB 三种色值的方式调整画面颜色平衡。

3. 颜色替换

"颜色替换"效果可以将素材中指定的颜色替换掉，而其他颜色不变。

4. 颜色过滤

"颜色过滤"效果可以过滤掉指定颜色以外的其他颜色，使其他颜色呈灰色模式显示。如图 6-21、图 6-22 所示为添加"颜色过滤"效果的前后对比。

图 6-21　　　　　　　　　　　　　　　　图 6-22

5. 黑白

"黑白"效果可以去除素材的颜色信息，将彩色图像转换为黑白图像。

6.3.3　实用程序

"实用程序"视频效果组中仅包括"Cineon 转换器"一种效果。该效果可以控制 Cineon 帧的颜色转换，常用于将运动图片电影转换成数字电影。如图 6-23、图 6-24 所示为应用"Cineon 转换器"效果的前后对比。

图 6-23　　　　　　　　　　　　　　　　图 6-24

■ 6.3.4 扭曲

"扭曲"视频效果组中的效果可以几何扭曲变形素材对象，使画面变形。该效果组中包括"位移""变形稳定器 VFX""变换"等 12 种效果。下面将对此进行讲解。

1. 位移

"位移"效果可以使素材在水平或垂直方向上产生位移。

2. 变形稳定器 VFX

"变形稳定器 VFX"效果可以消除素材中因摄像机移动造成的抖动，使素材流畅、稳定。

3. 变换

"变换"效果可以变换素材位置、缩放素材或倾斜素材，也可以调整其不透明度。

4. 放大

"放大"效果相当于在素材上添加了一个放大镜，可以放大素材局部。如图 6-25 所示为局部放大效果。

5. 旋转

"旋转"效果可以使素材图像沿中心轴旋转变形。

6. 果冻效应修复

"果冻效应修复"效果可以修复由于时间延迟导致的录制不同步的果冻效应扭曲。

7. 波形变形

"波形变形"效果可以使素材画面产生波纹。

8. 球面化

"球面化"效果可以将图像的局部变形，产生类似球面凸起的效果。如图 6-26 所示为球面化效果。

图 6-25   图 6-26

9. 紊乱置换

"紊乱置换"效果可以使素材在多种方向上扭曲变形。

10. 边角定位

"边角定位"效果可以通过改变图像四个边角的位置，使图像扭曲。

11. 镜像

"镜像"效果可以沿指定的分割线镜像素材，使其对称翻转。如图 6-27 所示为"效果控件"面板中"镜像"效果的参数设置。

图 6-27

12. 镜头扭曲

"镜头扭曲"效果可以制作素材图像在水平和垂直方向上扭曲的效果。如图 6-28 所示为"效果控件"面板中"镜头扭曲"效果的参数设置。

图 6-28

在"效果控件"面板中对"镜头扭曲"效果进行设置后，效果如图 6-29 所示。

图 6-29

ACAA课堂笔记

第6章

视频特效

■ 6.3.5 时间

"时间"视频效果组中的效果可以操作素材的帧，该效果组中包括"像素运动模糊""抽帧时间""时间扭曲"和"残影"4种效果。下面将针对这4种效果进行讲解。

1. 像素运动模糊

"像素运动模糊"效果可以模拟像素运动的模糊效果。

2. 抽帧时间

"抽帧时间"效果可以改变素材图像中的色彩层次数量。

3. 时间扭曲

"时间扭曲"效果可以精确控制各种参数，改变素材回放速度。如图6-30所示为添加"时间扭曲"效果的画面。

4. 残影

"残影"效果可以混合动态素材中不同帧的像素，将动态素材中前几帧的图像以半透明的形式覆盖在当前帧上。如图6-31所示为添加"残影"效果的画面。

图 6-30

图 6-31

■ 6.3.6 杂色与颗粒

"杂色与颗粒"视频效果组中的效果可以柔和处理图像画面，在图像上添加杂色效果。该效果组中包括"中间值""杂色""杂色 Alpha"等6种效果。下面将对其进行讲解。

1. 中间值

"中间值"效果可以用一定半径内的相邻像素的RGB平衡值代替画面中的每个像素。当"半径"值较低时，可以减少某些类型的杂色。

2. 杂色

"杂色"效果可以在素材图像中添加噪点。如图6-32所示为"效果控件"面板中"杂色"效果的参数设置。

图 6-32

3. 杂色 Alpha

"杂色 Alpha"效果可以在素材的 Alpha 通道上生成杂色。

4. 杂色 HLS

"杂色 HLS"效果可以在素材图像上生成杂色，并对其色相、亮度等进行调整。

5. 杂色 HLS 自动

"杂色 HLS 自动"效果与"杂色 HLS"效果类似，但"杂色 HLS 自动"效果可以将创建的杂色自动化。

6. 蒙尘与划痕

"蒙尘与划痕"效果可以减少杂色与瑕疵，实现图像锐度与隐藏瑕疵之间的平衡。

6.3.7 模糊与锐化

"模糊与锐化"视频效果组中的效果可以调整素材画面的模糊与锐化。该效果组包括"复合模糊""方向模糊""相机模糊"等 7 种效果。

1. 复合模糊

"复合模糊"效果可以控制剪辑的明亮度值，使像素变模糊。

2. 方向模糊

"方向模糊"效果可以使素材图像产生运动方向的模糊。如图 6-33 所示为添加"方向模糊"效果的画面。

3. 相机模糊

"相机模糊"效果可以模拟相机拍摄时没有对焦产生的模糊效果。

4. 通道模糊

"通道模糊"效果将针对素材中的红、绿、蓝、Alpha 通道进行单独模糊。

5. 钝化模糊

"钝化模糊"效果可以通过提高素材画面中相邻像素的对比程度，使素材图像变清晰。

6. 锐化

"锐化"效果可以增加颜色对比度，使素材画面变清晰。

7. 高斯模糊

"高斯模糊"效果可以模糊柔化素材图像，产生模糊效果。如图 6-34 所示为添加"高斯模糊"效果的画面。

图 6-33

图 6-34

■ 6.3.8 生成

"生成"视频效果组中的效果可以处理应用光和填充色，优化画面效果，使其具有光感和动感。该效果组中包括"书写""单元格图案""吸管填充"等 12 种效果。下面将对其进行讲解。

1. 书写

"书写"效果可以模拟书写绘画的效果。该效果是通过在素材上创建画笔运动的关键帧动画并记录运动路径实现的。

2. 单元格图案

"单元格图案"效果可以在素材画面中生成不规则的单元格。

3. 吸管填充

"吸管填充"效果可以将采样点的颜色应用至整个画面。

4. 四色渐变

"四色渐变"效果可以用四种颜色的渐变效果覆盖整个画面，通过调整其不透明度和混合模式，可以达到较好的效果。

5. 圆形

"圆形"效果可以在素材画面中创建圆形或圆环。如图 6-35 所示为利用"圆形"效果绘制的圆环。

6. 棋盘

"棋盘"效果可以在素材画面上创建棋盘格的图案。如图 6-36 所示为添加"棋盘"效果并调整后的画面。

Adobe PremierePro CC 课堂实录

图 6-35   图 6-36

7. 椭圆

"椭圆"效果可以在素材画面中创建椭圆形的光圈图案。

8. 油漆桶

"油漆桶"效果可以将素材中指定区域的某种颜色替换为纯色。

9. 渐变

"渐变"效果可以在素材画面中添加渐变。

10. 网格

"网格"效果可以在素材画面中添加网格。如图 6-37 所示为添加"网格"效果并调整后的画面。

11. 镜头光晕

"镜头光晕"效果可以在素材画面中模拟摄像机镜头拍摄出的强光折射效果。如图 6-38 所示为添加"镜头光晕"效果并调整后的画面。

图 6-37   图 6-38

12. 闪电

"闪电"效果可以在素材画面中添加闪电。

6.3.9 视频

"视频"效果组中的效果可以显示素材剪辑的一些基础信息，如名称、时间码等。该效果组包括"SDR 遵从情况""剪辑名称""时间码""简单文本"4 种效果。下面将对此进行讲解。

1. SDR 遵从情况

"SDR 遵从情况"效果可以将 HDR 格式的素材转换为 SDR 格式。

2. 剪辑名称

"剪辑名称"效果可以显示素材的名称信息。如图 6-39 所示为添加"剪辑名称"效果并设置后的画面。

3. 时间码

"时间码"效果可以在素材画面中添加该素材剪辑的时间码。如图 6-40 所示为添加"时间码"效果并设置后的画面。

图 6-39

图 6-40

4. 简单文本

"简单文本"效果可以在素材画面中添加简单的文字。

6.3.10 调整

"调整"视频效果组中的效果可以对素材的亮度、对比度等参数进行调整，常用于修复原始素材在曝光、色彩等方面的不足或制作特殊的色彩效果。下面将对其进行讲解。

1.ProcAmp

"ProcAmp"效果可以对素材画面的亮度、对比度、色相、饱和度等进行整体调节。

2. 光照效果

"光照效果"可以模拟光照打在素材画面中的效果。

3. 卷积内核

"卷积内核"效果可以通过调整素材中每个像素的亮度值来调整图像效果。

4. 提取

"提取"效果可以去除素材颜色，使其以灰度模式显示。

5. 色阶

"色阶"效果可以调整素材的亮度和对比度，改变图像效果。如图 6-41、图 6-42 所示为添加并调整"色阶"效果的前后对比。

<table>
<tr><td>图 6-41</td><td>图 6-42</td></tr>
</table>

■ 6.3.11 过时

"过时"视频效果组中的效果可以调整素材的色彩、色调等，包括"RGB 曲线""RGB 颜色校正器""三向颜色校正器"等 10 种效果。接下来将针对这 10 种效果进行介绍。

1. RGB 曲线

"RGB 曲线"效果可以通过调节不同颜色通道的曲线调整素材画面的颜色。如图 6-43、图 6-44 所示为运用"RGB 曲线"效果的前后对比。

<table>
<tr><td>图 6-43</td><td>图 6-44</td></tr>
</table>

2. RGB 颜色校正器

"RGB 颜色校正器"效果可以通过调整素材的阴影、高光和中间调的色调范围，来调整素材画面的颜色。

3. 三向颜色校正器

"三向颜色校正器"效果可以通过色轮调节素材图像的阴影、高光和中间调。

4. 亮度曲线

"亮度曲线"效果可以通过调节亮度曲线来调整素材图像的亮度。

5. 亮度校正器

"亮度校正器"效果可以校正、调整素材画面的亮度。

6. 快速颜色校正器

"快速颜色校正器"效果可以通过调整素材画面的色相来快速校正颜色。

7. 自动对比度

"自动对比度"效果可以自动调整素材画面的对比度。

8. 自动色阶

"自动色阶"效果可以自动调整素材画面的色阶，常用于修复偏色。

9. 自动颜色

"自动颜色"效果可以自动调整素材画面的颜色。

10. 阴影 / 高光

"阴影 / 高光"命令可以对素材的阴影和高光部分进行调整。

■ 6.3.12　过渡

"过渡"视频效果组中的效果可以在素材上添加过渡的效果。该效果组包括"块溶解""径向擦除""渐变擦除"等 5 种效果。下面将对其进行讲解。

1. 块溶解

"块溶解"效果可以制作素材在"节目"监视器面板中显现或消失的效果。

2. 径向擦除

"径向擦除"效果可以围绕指定点擦除素材，显示出下面轨道的素材。

3. 渐变擦除

"渐变擦除"效果可以基于另一视频轨道中的像素的明亮度使素材逐渐消失。

4. 百叶窗

"百叶窗"效果可以模拟百叶窗的效果，使用指定方向和宽度的条纹擦除当前素材，如图 6-45、图 6-46 所示为添加并调整"百叶窗"效果的前后对比。

图 6-45

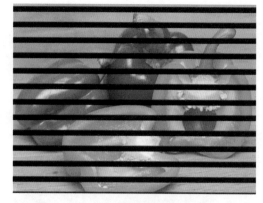

图 6-46

5. 线性擦除

"线性擦除"效果可以沿指定的方向擦除当前素材。

■ 6.3.13 透视

"透视"视频效果组中的效果可以制作三维立体效果和空间效果。接下来将针对该效果组中的 5 种效果进行讲解。

1. 基本 3D

"基本 3D"效果可以模拟平面图像在空间中运动产生透视的效果。如图 6-47、图 6-48 所示为添加并调整"基本 3D"效果的前后对比。

图 6-47

图 6-48

2. 投影

"投影"效果可以为素材添加投影效果。

3. 放射阴影

"放射阴影"效果可以设置在指定位置产生光照，使图像在下层图像中产生阴影的效果。

4. 斜角边

"斜角边"效果可以使素材边缘处产生三维斜角的效果。如图 6-49 所示为添加并调整"斜角边"效果后的画面。

5. 斜面 Alpha

"斜面 Alpha"效果可以使图像中的 Alpha 通道产生斜面效果。如图 6-50 所示为添加并调整"斜面 Alpha"效果后的画面。

图 6-49   图 6-50

6.3.14 通道

"通道"视频效果组中的效果可以通过转换或插入素材通道来改变素材效果。

1. 反转

"反转"效果可以将素材的颜色反色处理,制作类似负片的效果。

2. 复合运算

"复合运算"效果可以通过数学运算的方式合成当前层和指定层的素材图像。

3. 混合

"混合"效果可以利用不同的混合模式混合两个素材对象,制作出特殊的颜色效果。

4. 算术

"算术"效果可以对素材图像的 RGB 通道进行简单的数学运算。

5. 纯色合成

"纯色合成"效果可以在当前素材图层后添加纯色,通过调整其不透明度及混合模式来制作效果。

6. 计算

"计算"效果可以混合一个素材和另一个素材的通道。

7. 设置遮罩

"设置遮罩"效果可以将当前图层中的 Alpha 通道替换成指定图层中的 Alpha 通道，使之产生运动屏蔽的效果。

■ 6.3.15　键控

"键控"视频效果组中的效果可以清除图像中的指定内容形成抠像，也可以创建两个重叠素材的叠加效果。下面将针对该组中的 9 种效果进行介绍。

1.Alpha 调整

"Alpha 调整"效果可以为上层图像中的 Alpha 通道设置遮罩叠加效果。

2. 亮度键

"亮度键"效果可以将图像中的灰度像素设为透明，且色度保持不变。

3. 图像遮罩键

"图像遮罩键"效果可以选择外部图像作为遮罩，控制图层效果。

4. 差值遮罩

"差值遮罩"效果可以叠加两个轨道中素材相互不同部分的纹理。

5. 移除遮罩

"移除遮罩"效果可以清除图像遮罩边缘的黑白颜色残留。

6. 超级键

"超级键"效果可以指定图像中的颜色范围以生成遮罩，并进行精细设置。如图 6-51、图 6-52 所示为添加并调整"超级键"效果的前后对比。

图 6-51

图 6-52

7. 轨道遮罩键

"轨道遮罩键"效果可以用上层轨道中的图像遮罩当前轨道。

8. 非红色键

"非红色键"效果可以去除素材图像中红色以外的颜色。

9. 颜色键

"颜色键"效果可以清除素材图像中指定的颜色。

■ 实例：制作摄像机录制效果

本实例将练习制作摄像机录制效果，其中涉及的知识点包括"超级键"视频效果等。具体操作步骤如下。

Step01 打开 Premiere 软件，新建项目和序列。执行"文件"|"导入"命令，在打开的"导入"对话框中选中本章素材文件"取景框 .mp4"和"短片 .mp4"，完成后单击"确定"按钮，导入效果如图 6-53 所示。

Step02 在"项目"面板中选中素材"短片 .mp4"，将其拖曳至"时间轴"面板中的 V1 轨道上；选中素材"取景框 .mp4"，将其拖曳至"时间轴"面板中的 V2 轨道上，如图 6-54 所示。此时"节目"监视器面板显示效果如图 6-55 所示。

图 6-53

图 6-54

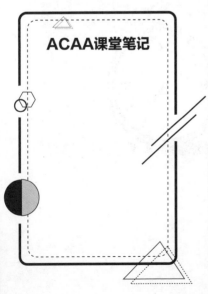

ACAA课堂笔记

图 6-55

Step03 移动"时间轴"面板中的时间线至 V1 轨道素材末端，使用剃刀工具 ◆ 裁切 V2 轨道素材，并删除右半部分，如图 6-56 所示。

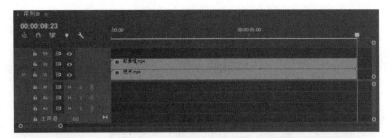

图 6-56

Step04 在"效果"面板中搜索"超级键"视频效果，将其拖曳至 V2 轨道素材上，在"效果控件"面板中单击"超级键"属性中"主要颜色"参数后的吸管工具，在"节目"监视器面板中单击绿色部分吸取颜色，如图 6-57 所示。此时"节目"监视器面板中的预览效果如图 6-58 所示。

图 6-57

至此，完成摄像机录制效果的制作。

图 6-58

■ 6.3.16 颜色校正

"颜色校正"视频效果组中的效果可以校正素材图像的颜色。该效果组包括"亮度与对比度""分色""均衡"等 12 种效果，下面将依次进行讲解。

1. ASC-CDL

"ASC-CDL"效果可以调整红、绿、蓝参数与饱和度来校正素材颜色。

2. Lumetri 颜色

"Lumetri 颜色"效果可以应用 Lumetri Looks 颜色分级引擎链接文件中的色彩校正预设项目校正图像色彩。

3. 亮度与对比度

"亮度与对比度"效果可以调整素材图像的亮度和对比度。如图 6-59、图 6-60 所示为添加并调整"亮度与对比度"效果的前后对比。

图 6-59

图 6-60

4. 分色

"分色"效果可以保留指定的颜色，去除其他颜色。

5. 均衡

"均衡"效果可以平均化处理素材图像中像素的颜色值和亮度等参数。

6. 更改为颜色

"更改为颜色"效果可以将素材图像中的一种颜色更改为另一种颜色。

7. 更改颜色

"更改颜色"效果可以调整指定颜色的色相、饱和度和亮度等参数。

8. 色彩

"色彩"效果可以将素材图像中的黑白色调映射为其他颜色。如图 6-61 所示为添加"色彩"效果的画面。

9. 视频限幅器

"视频限幅器"效果可以通过调整素材图像的亮度、色调等参数来调整图像颜色。

10. 通道混合器

"通道混合器"效果可以通过调整 RGB 各个通道的参数来控制图像色彩。如图 6-62 所示为添加"通道混合器"效果的画面。

ACAA课堂笔记

图 6-61

图 6-62

11. 颜色平衡

"颜色平衡"效果可以通过调整素材图像中阴影、高光和中间调中 RGB 颜色所占的量来调整图像色彩。如图 6-63 所示为添加"颜色平衡"效果的画面。

12. 颜色平衡（HLS）

"颜色平衡（HLS）"可以通过调整素材图像中的色相、亮度和饱和度等参数来调整图像色彩。如图 6-64 所示为添加"颜色平衡（HLS）"效果的画面。

图 6-63

图 6-64

6.3.17　风格化

"风格化"视频效果组可以艺术化处理素材图像，使其具有独特的艺术风格。该效果组中共包括"Alpha 发光""复制""彩色浮雕"等 13 种效果，下面将对其进行讲解。

1. Alpha 发光

"Alpha 发光"效果可以将含有 Alpha 通道的素材边缘向外生成单色或双色过渡的发光效果。

2. 复制

"复制"效果可以复制并平铺素材图像。如图 6-65、图 6-66 所示为添加并调整"复制"效果的前后对比。

图 6-65　　　　　　　　　　　　　　　　　　图 6-66

3. 彩色浮雕

"彩色浮雕"效果可以在画面中产生彩色浮雕效果。

4. 抽帧

"抽帧"效果可以改变素材画面中的色彩层次数量。

5. 曝光过度

"曝光过度"效果可以模拟制作相机底片曝光的效果。

6. 查找边缘

"查找边缘"效果可以识别并突出有明显过渡的图像边缘，产生线条图效果。如图 6-67 所示为添加"查找边缘"效果的画面。

7. 浮雕

"浮雕"效果可以在画面中产生灰色浮雕效果。

8. 画笔描边

"画笔描边"效果可以模拟画笔绘图，得到类似油画的效果。如图 6-68 所示为添加"画笔描边"效果的画面。

图 6-67　　　　　　　　　　　　　　　　　　图 6-68

Adobe PremierePro CC　课堂实录

9. 粗糙边缘

"粗糙边缘"效果可以将素材图像的边缘粗糙化，得到特殊的纹理效果。如图6-69所示为添加"粗糙边缘"效果的画面。

10. 纹理化

"纹理化"效果可以将指定图层中图像的纹理外观添加至当前图层中的图像上。

11. 闪光灯

"闪光灯"效果可以制作播放闪烁的效果。

12. 阈值

"阈值"效果可以将素材图像变为黑白模式。

13. 马赛克

"马赛克"效果可以在素材图像上添加马赛克。如图6-70所示为添加"马赛克"效果的画面。

图 6-69   图 6-70

ACAA课堂笔记

课堂实战——制作进度条效果

经过本章内容的学习，下面将用所学知识制作进度条效果，涉及的知识点包括"线性擦除"视频效果、"时间码"视频效果等。下面针对具体的步骤进行讲解。

Step01 打开 Premiere 软件，新建项目和序列。执行"文件"|"导入"命令，在打开的"导入"对话框中选中本章素材文件"静止 .png"和"烟花 .mp4"，完成后单击"确定"按钮，导入效果如图 6-71 所示。

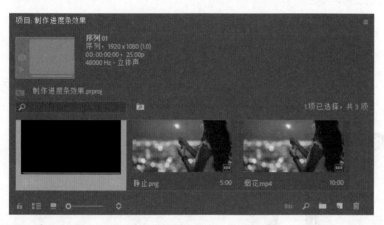

图 6-71

Step02 拖曳"静止 .png"素材至"时间轴"面板的 V1 轨道中，并调整持续时间为 4 秒；拖曳"烟花 .mp4"素材至"静止 .png"之后，如图 6-72 所示。

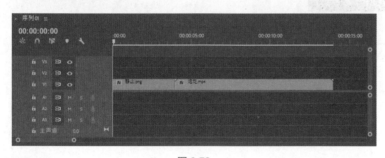

图 6-72

Step03 在"效果"面板中搜索"高斯模糊"视频效果，将其拖曳至 V1 轨道中的"静止 .png"素材上，在"效果控件"面板中调整参数，如图 6-73 所示。调整后效果如图 6-74 所示。

图 6-73

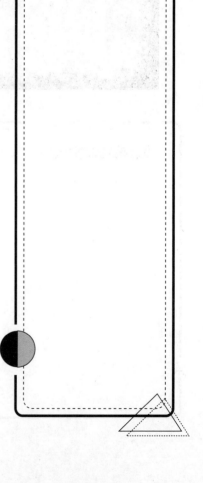

图 6-74

Step04 在"效果"面板中搜索"时间码"视频效果,将其拖曳至 V1 轨道中的"静止 .png"素材上,在"效果控件"面板中调整参数,如图 6-75 所示。调整后效果如图 6-76 所示。

图 6-75

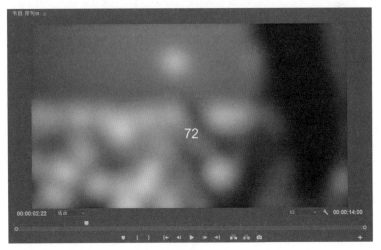

图 6-76

Step05 执行"文件"|"导入"命令,在打开的"导入"对话框中选中本章素材文件"圆角 1.png""圆角 2. png"和"百分比 .png",完成后单击"确定"按钮,导入效果如图 6-77 所示。

图 6-77

Step06 将素材"圆角 1.png""圆角 2.png"和"百分比 .png"依次拖曳至"时间轴"面板中的 V2、V3、V4 轨道上，并调整持续时间为 4 秒，如图 6-78 所示。

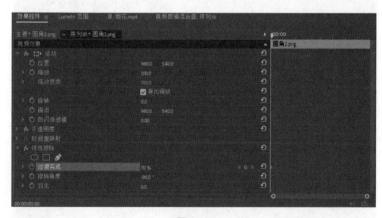

图 6-78

Step07 在"效果"面板中搜索"线性擦除"视频效果，将其拖曳至 V3 轨道素材上，添加视频过渡；移动时间线至起始位置，在"效果控件"面板中调整"线性擦除"视频效果参数，并单击"过渡完成"参数前的"切换动画"按钮，添加关键帧，如图 6-79 所示。

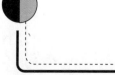

图 6-79

Step08 移动时间线至 00:00:04:00 处，调整"过渡完成"参数为 30%，再次添加关键帧，如图 6-80 所示。效果如图 6-81 所示。

Adobe PremierePro CC 课堂实录

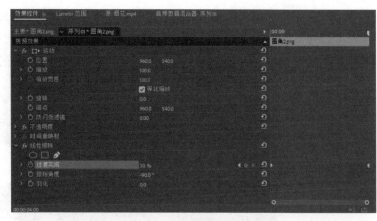

图 6-80

图 6-81

Step09 在"时间轴"面板中选中除素材"烟花 .mp4"以外的所有素材，右击鼠标，在弹出的快捷菜单中选择"嵌套"命令，嵌套素材，如图 6-82 所示。

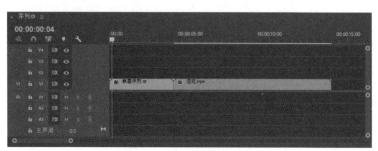

图 6-82

Step10 在"效果"面板中搜索"交叉溶解"视频过渡效果，将其拖曳至嵌套素材和"烟花 .mp4"之间，添加视频过渡，如图 6-83 所示。效果如图 6-84 所示。

第 6 章 视频特效

145

图 6-83

图 6-84

至此，完成进度条效果的制作。

课后作业

一、选择题

1. 下面的（　　）特效既可以精确调整图像亮度，又可以改变图像色彩倾向。
A. RGB 曲线
B. 亮度与对比度
C. 色彩平衡
D. 色相 / 饱和度

2. 在调色过程中，（　　）视频效果可以提供最细节的色彩和亮度调整。
A. 色阶
B. 亮度与对比度
C. 曲线
D. 色彩平衡

3. 在抠像时，（　　）视频效果可以比较两个图像的不同部分，并保留下来。
A. Alpha 调整
B. 图像遮罩键
C. 差值遮罩
D. 轨道遮罩键

4. 以下关于关键帧的描述不正确的是（　　）。
A. 至少为一个参数设置两个关键帧才可以创建"运动"属性的动画
B. 特效可以制作关键帧动画
C. 转场不可以制作关键帧动画
D. 特效不可以制作关键帧动画

二、填空题

1. _____效果可以混合动态素材中不同帧的像素，将动态素材中前几帧的图像以半透明的形式覆盖在当前帧上。

2. "变换"视频效果组包括_____、_____、_____和_____四种效果。

3. 若想去除素材的颜色信息，将彩色图像转换为黑白图像，可以使用_____效果。

4. "投影"效果位于_____视频效果组中。

三、操作题

1. 制作弹跳片头。

（1）效果如图 6-85 所示。

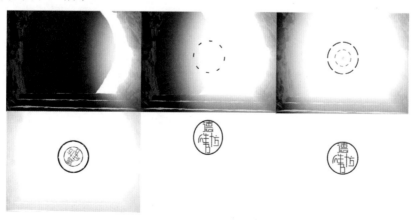

图 6-85

（2）操作思路。

导入素材文件后，添加视频效果及关键帧。

嵌套素材，添加关键帧动画即可。

2. 制作对话框弹出动画。

（1）效果如图 6-86 所示。

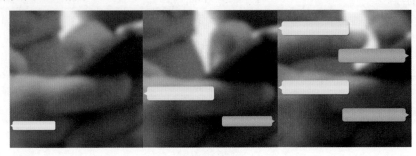

图 6-86

（2）操作思路。

打开 Premiere 软件，导入素材文件。

设置素材文件持续时间。

添加关键帧，制作动画效果。

第 7 章

音频剪辑

内容导读

好的音乐可以打动人心。在制作视频的时候，通过添加合适的音乐，可以使视频气氛更加丰富。本章将针对音频的种类、编辑音频、音频特效等进行讲解。通过本章的学习，可以帮助读者熟悉音频效果，制作合适的音频。

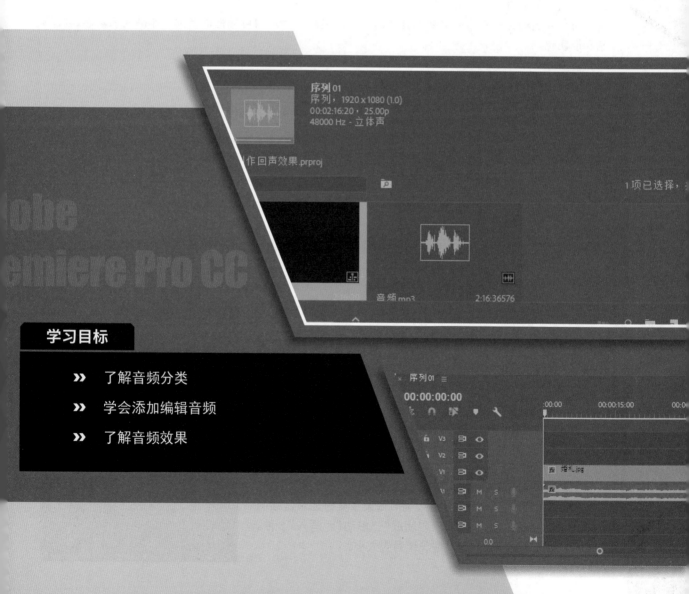

学习目标

» 了解音频分类

» 学会添加编辑音频

» 了解音频效果

7.1 音频的分类

音频是影视作品中不可或缺的重要元素,通过音频,可以更好地表达作品主题与思想,渲染氛围。下面将讲解音频的分类。

7.1.1 单声道

单声道只包含一个音轨。人在接收单声道信息时,只能感受到声音的前后位置及音色、音量的大小,而不能感受到声音从左到右等横向的移动。

7.1.2 立体声

立体声指具有立体感的声音,它可以在一定程度上恢复原声的空间感,使听者直接接收到具有方位、层次等空间分布特性的声音。

与单声道相比,立体声更贴近真实的声音,提高了信息的可懂性,增强了作品的力量感、临场感和层次感。

7.1.3 5.1 声道

5.1 声道包括中央声道,前置左、右声道,后置左、右环绕声道,以及一个独立的重低音声道。与一般的立体声相比,5.1 声道不仅让人感受到音源的方向感,且伴有一种被声音所围绕以及声源向四周远离扩散的感觉,增强了声音的纵深感、临场感和空间感。

7.2 音频控制面板

在 Premiere 软件中,用户可以通过专业的"音轨混合器"面板对作品中的音频文件进行编辑。下面将对此进行介绍。

7.2.1 音轨混合器

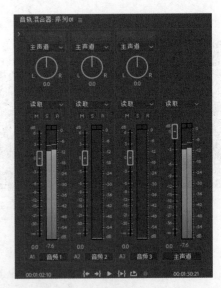

在 Premiere 软件中,用户可以通过"音轨混合器"面板实时混合"时间轴"面板中各轨道的音频对象。如图 7-1 所示为"音轨混合器"面板。

"音轨混合器"面板中部分重要选项作用如下。

◎ 轨道名称:用于显示当前编辑项目中所有音频轨道的名称。用户可以通过"音轨混合器"面板对音频轨道名称进行编辑。

◎ 声道调节滑轮:用于控制单声道中左右音量的大小。

◎ 自动模式:用于读取音频调节效果或实时记录音频调节,包括"关""读取""闭锁""触动""写入"5 种。

◎ 音量:用于控制单声道总体音量大小。

图 7-1

◎ 静音轨道：用于控制当前轨道是否静音。

◎ 独奏轨道：用于控制其他轨道是否静音。

◎ 启用轨道以进行录制：可利用输入设备将声音录制到目标轨道上。

7.2.2　音频剪辑混合器

通过"音频剪辑混合器"面板，用户可以监视并调整"时间轴"面板中音频素材的音量等信息。如图7-2所示为"音频剪辑混合器"面板。

使用"源"监视器面板时，还可以通过"音频剪辑混合器"面板监视"源"监视器面板中的素材。

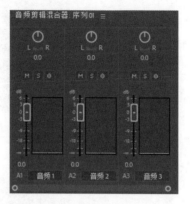

图 7-2

7.2.3　音频关键帧

在 Premiere 软件中，通过添加关键帧，可以设置素材在不同时间的状态，从而达到变化的效果。对于音频素材来说，通过添加关键帧，可以控制音频的淡入淡出。下面将针对音频关键帧进行介绍。

在"时间轴"面板中双击音频轨道前的空白处，弹出音频轨道，如图7-3所示。

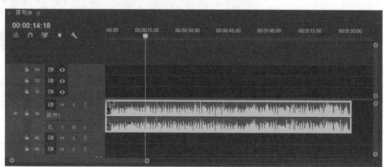

图 7-3

在"时间轴"面板中，单击"添加 - 移除关键帧"按钮◉，即可添加或删除音频关键帧，如图7-4所示为添加并调整了音频关键帧的效果。

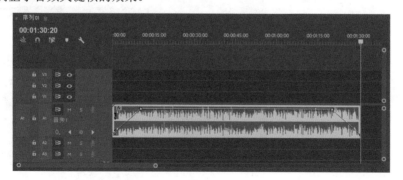

图 7-4

■ 实例：制作音频淡入淡出效果

本实例将练习制作音频淡入淡出的效果，涉及的知识点包括音频关键帧等。下面将介绍具体的步骤。

Step01 打开 Premiere 软件，新建项目和序列。执行"文件"|"导入"命令，在打开的"导入"对话框中选中本章素材文件"婚礼.jpg"和"婚礼歌曲.wav"，完成后单击"确定"按钮，导入效果如图 7-5 所示。

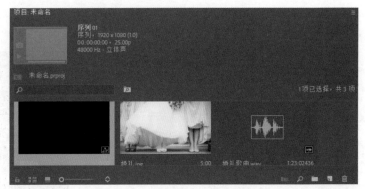

图 7-5

Step02 在"项目"面板中选中素材"婚礼.jpg"，将其拖曳至"时间轴"面板中的 V1 轨道上；选中素材"婚礼歌曲.wav"，将其拖曳至"时间轴"面板中的 A1 轨道上。使用选择工具拖曳 V1 轨道素材末端与音频素材对齐，如图 7-6 所示。

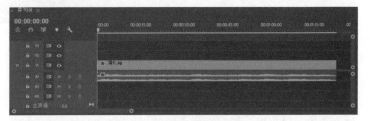

图 7-6

Step03 在"时间轴"面板中双击音频轨道前的空白处，弹出音频轨道。移动时间线至起始位置，单击"添加-移除关键帧"按钮，添加音频关键帧。在"时间轴"面板中选中添加的关键帧，向下拖动至最底端，如图 7-7 所示。

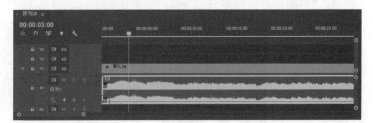

图 7-7

Step04 移动时间线至 00:00:03:00 处，再次单击"添加-移除关键帧"按钮，添加音频关键帧。在"时间轴"面板中选中添加的关键帧，向上拖动至中间，如图 7-8 所示。

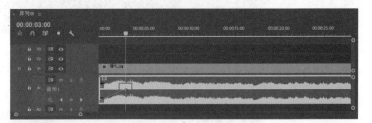

图 7-8

Step05 移动时间线至 00:01:20:01 处，单击"添加-移除关键帧"按钮，添加音频关键帧，如图 7-9 所示。

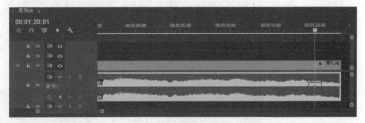

图 7-9

Step06 移动时间线至 00:01:23:01 处，单击"添加 - 移除关键帧"按钮，添加音频关键帧。在"时间轴"面板中选中添加的关键帧，向下拖动至最底端，如图 7-10 所示。

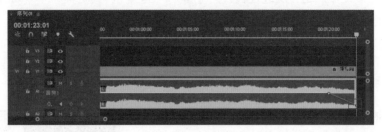

图 7-10

至此，完成音频淡入淡出效果的制作。

7.3 编辑音频

在 Premiere 软件中，可以对音频的播放速度、音频增益等进行编辑调整。下面将对此进行具体讲解。

■ 7.3.1 调整音频播放速度

调整音频的播放速度有多种方式，下面将分别针对在"项目"面板中、"源"监视器面板中、"时间轴"面板中的调整方法进行讲解。

1. "项目"面板

在"项目"面板中选中音频素材，右击鼠标，在弹出的快捷菜单中选择"速度 / 持续时间"命令，打开"剪辑速度 / 持续时间"对话框，即可对音频的播放速度进行调整，如图 7-11 所示。

在"项目"面板中调整音频播放速度后，"时间轴"面板中的素材不受影响。

图 7-11

2. "源"监视器面板

在"源"监视器面板中打开音频素材，右击鼠标，在弹出的快捷菜单中选择"速度 / 持续时间"命令，打开"剪辑速度 / 持续时间"对话框，即可调整音频的播放速度。

3. "时间轴"面板

Premiere 软件中最主要的编辑面板就是"时间轴"面板，在此面板中可以对素材进行大部分的编辑操作。

在"时间轴"面板中选中素材，右击鼠标，在弹出的快捷菜单中选择"速度 / 持续时间"命令，即可打开"剪辑速度 / 持续时间"对话框对音频的播放速度进行调整。

> 除了这几种方式外，还可以通过执行"剪辑"|"速度 / 持续时间"命令打开"剪辑速度 / 持续时间"对话框进行调整。

■ 7.3.2 调整音频增益

音频输入频信号电平的强弱就是音频增益，其直接影响音量的大小。当"时间轴"面板中存在多条包含音频素材的音频轨道时，就需要平衡这几个音频轨道的增益。

1. 观察音频增益

执行"窗口"|"音频仪表"命令，打开"音频仪表"面板，在该面板中可以对音频电平进行观察。如图 7-12 所示为"音频仪表"面板。

当播放音频素材时，将以"音频仪表"面板中的两个柱状来显示当前音频的增益强弱。若音频音量超出安全范围，柱状顶端将显示红色，如图 7-13 所示。

图 7-12 　　　　　图 7-13

2. 调整音频增益

执行"剪辑"|"音频选项"|"音频增益"命令，打开"音频增益"对话框，在其中可以对音频增益进行调整。如图 7-14 所示为"音频增益"对话框。

图 7-14

■ 7.3.3 音频过渡效果

Premiere 软件中包括 3 种音频过渡效果，即"恒定功率""恒定增益"和"指数淡化"，如图 7-15 所示。

图 7-15

这几种音频过渡效果作用如下。

◎ 恒定功率："恒定功率"音频过渡效果可以创建类似于视频剪辑之间的溶解过渡效果的平滑渐变的过渡。应用该音频过渡效果，首先会缓慢降低第一个剪辑的音频，然后快速接近过渡的末端。对于第二个剪辑，此交叉淡化首先快速增加音频，然后更缓慢地接近过渡的末端。

◎ 恒定增益："恒定增益"音频过渡效果在剪辑之间过渡时将以恒定速率更改音频进出，但听起来会比较生硬。

◎ 指数淡化："指数淡化"音频过渡效果淡出位于平滑的对数曲线上方的第一个剪辑，同时自下而上淡入同样位于平滑对数曲线上方的第二个剪辑。通过从"对齐"控件菜单中选择一个选项，可以指定过渡的定位。

知识拓展

除了通过"效果"面板添加音频效果外，还可以执行"序列"|"应用音频过渡"命令，为音频素材添加默认的过渡效果。

7.4 音频特效

Premiere 软件中包括多种音频效果，通过添加这些音频效果，可以丰富音频效果。下面将对此进行讲解。

7.4.1 音频效果概述

如图 7-16 所示为 Premiere 软件中包括的音频效果。本小节将针对 Premiere 软件中的音频效果进行讲解。

图 7-16

◎ 过时的音频效果：该效果组中包括 14 种音频效果，如图 7-17 所示。选择该组效果时，将弹出"音频效果替换"对话框，如图 7-18 所示为添加"Chorus（过时）"效果弹出的对话框，单击"否"按钮将应用过时的效果；单击"是"按钮将应用新版本的效果。

图 7-17

图 7-18

◎ 吉他套件：该效果可以模拟吉他弹奏的效果，使音频更有表现力。

◎ 多功能延迟：该效果用于制作延迟音效的回声效果，适用于 5.1、立体声或单声道剪辑。

◎ 多频段压缩器：该效果可将不同频段的音频进行压缩，每个频段包含唯一的动态内容，常用于音频母带处理。

◎ 模拟延迟：该效果可模拟老式延迟装置的温暖声音特性，制作缓慢的回声效果。

◎ 带通：该效果可移除在指定范围外发生的频率或频段，适用于 5.1、立体声或单声道剪辑。

◎ 用右侧填充左侧：该效果可以复制音频剪辑的左声道信息至右声道中，清除现有的右声道信息。

◎ 用左侧填充右侧：该效果可以复制音频剪辑的右声道信息至左声道中，清除现有的左声道信息。

◎ 电子管建模压缩器：该效果可使音频微妙扭曲，模拟复古硬件压缩器的温暖感觉。

◎ 强制限幅：该效果可以减弱高于指定阈值的音频。

◎ FFT 滤波器：该效果可以轻松绘制用于抑制或增强特定频率的曲线或陷波。

◎ 扭曲：该效果可将少量砾石和饱和效果应用于任何音频。

◎ 低通：该效果用于删除高于指定频率界限的频率，使音频产生浑厚的低音音场效果，适用于 5.1、立体声或单声道剪辑。

◎ 低音：该效果可增大或减小低频。

◎ 平衡：该效果可以平衡左右声道的相对音量。

◎ 单频段压缩器：该效果可以通过减少动态范围，产生一致的音量并提升感知响度。

◎ 镶边：该效果是通过混合与原始信号大致等比例的可变短时间延迟产生的。

◎ 陷波滤波器：该效果可去除音频频段，且保持周围频率不变。

◎ 卷积混响：该效果可以基于卷积的混响使用脉冲文件模拟声学空间，使之如同在原始环境中录制一般真实。

◎ 静音：该效果可以消除声音。

◎ 简单的陷波滤波器：该效果可以阻碍频率信号。

◎ 简单的参数均衡：该效果可以在一定范围内均衡音调。

◎ 互换声道：该效果仅应用于立体声剪辑，应用时可以交换左右声道信息的位置。

◎ 人声增强：该效果可以增强人声，改善旁白录音质量。

◎ 动态：该效果可以控制一定范围内的音频信号增强或减弱。

◎ 动态处理：该效果可以增加或减少动态范围来处理音频。

◎ 参数均衡器：该效果可以最大限度地均衡音调。

◎ 反转：该效果可以反转所有声道。

◎ 和声 / 镶边：该效果可以模拟多个音频的混合效果，增强人声音轨或为单声道音频添加立体声空间感。

◎ 图形均衡器（10 段）：该效果可增强或消减特定频段。

◎ 图形均衡器（20 段）：该效果可精准地增强或消减特定频段。

◎ 图形均衡器（30 段）：该效果可更加精准地增强或消减特定频段。

◎ 声道音量：该效果可独立控制立体声、5.1 剪辑或轨道中的每条声道的音量。

◎ 室内混响：该效果可以模拟室内空间演奏音频的效果。

◎ 延迟：该效果可用于制作指定时间后播放的回声效果。

◎ 母带处理：该效果可以优化特定介质音频文件的完整过程。

◎ 消除齿音：该效果可去除齿音和其他高频"嘶嘶"类型的声音。

◎ 消除嗡嗡声：该效果可去除窄频段及其谐波。

◎ 环绕声混响：该效果可模拟声音在室内声学空间中的效果和氛围，主要用于 5.1 音源，也可为单声道或立体声音源提供环绕声环境。

◎ 科学滤波器：该效果可以控制左右声道立体声的音量比，对音频进行高级操作。

◎ 移相器：该效果可以通过移动音频信号的相位改变声音。

◎ 立体声扩展器：该效果可调整立体声声像，控制其动态范围。

◎ 自适应降噪：该效果可以降低或去除声音中的噪音。

◎ 自动咔嗒声移除：该效果可以去除音频中的"咔嗒"声音或静电噪声。

◎ 雷达响度计：该效果可以测量音频级别。

◎ 音量：该效果可使用音量效果代替固定音量效果。

◎ 音高换挡器：该效果可以实时改变音调。

◎ 高通：该效果可以删除低于指定频率界限的频率。

◎ 高音：该效果可增高或降低 4000Hz 及以上的高频。

■ 7.4.2 回声效果

回声可以使声音更加丰满有层次。在 Premiere 软件中，可以通过"模拟延迟""延迟""多功能延迟" 3 个音频效果制作回声。本小节将主要对"延迟"效果进行讲解。

在"效果"面板中选中"延迟"效果，将其拖曳至"时间轴"面板中的音频素材上，即可为素材添加"延迟"效果。在"效果控件"面板中可对添加的"延迟"效果进行调整。如图 7-19 所示为"效果控件"面板中"延迟"效果的参数设置。

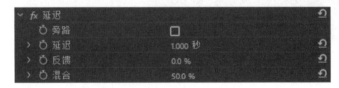

图 7-19

其中部分参数作用如下。

◎ 延迟：用于设置播放回声之前的时间。

◎ 反馈：用于创建回声的回声。

◎ 混合：用于设置回声的相对强度。

■ 7.4.3 清除噪音

当音频素材中含有杂音时，可以通过 Premiere 软件中的"消除嗡嗡声""自适应降噪""减少混响""高通"等多种音频效果清除杂音。本小节将主要对"自适应降噪"效果进行讲解。

在"效果"面板中选中"自适应降噪"效果，将其拖曳至"时间轴"面板中的音频素材上，即可为素材添加"自适应降噪"效果，在"效果控件"面板中可对添加的"自适应降噪"效果进行调整。如图 7-20 所示为"效果控件"面板中"自适应降噪"效果的参数设置。

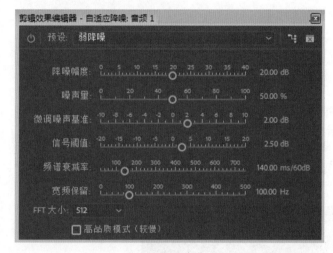

图 7-20

单击"编辑"按钮，打开"剪辑效果编辑器"对话框，在其中可以对"自适应降噪"效果的各个参数进行调整，也可以选择预设的效果。如图 7-21 所示为打开的"剪辑效果编辑器"对话框。

图 7-21

■ 实例：清除音频中的噪音

本案例将练习清除音频中的噪音，涉及的知识点包括"自适应降噪"音频效果等，具体操作步骤如下。

Step01 打开 Premiere 软件，新建项目和序列。执行"文件"|"导入"命令，在打开的"导入"对话框中选中本章素材文件"杂音 .mp3"，完成后单击"确定"按钮，导入效果如图 7-22 所示。

Step02 在"项目"面板中选中素材"杂音 .mp3"，将其拖曳至"时间轴"面板中的 A1 轨道上，如图 7-23 所示。

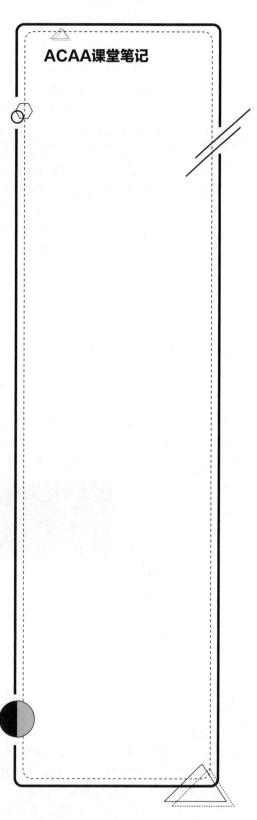

ACAA课堂笔记

Adobe PremierePro CC 课堂实录

图 7-22

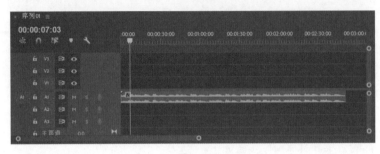

图 7-23

Step03 在"效果"面板中选中"自适应降噪"效果,将其拖曳至"时间轴"面板 A1 轨道中的音频素材上,为音频素材添加"自适应降噪"效果,如图 7-24 所示。

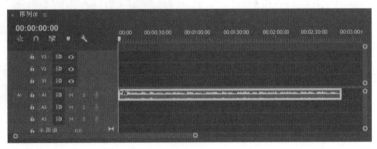

图 7-24

Step04 选中 A1 轨道中的音频素材,打开"效果控件"面板,单击"自适应降噪"中的"编辑"按钮,打开"剪辑效果编辑器 - 自适应降噪"对话框,设置"降噪幅度"参数为 25.00dB,如图 7-25 所示,完成后关闭该对话框。

第 7 章 音频剪辑

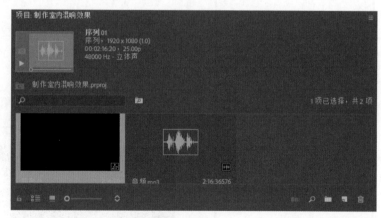

图 7-25

至此，背景噪声消除完毕。

课堂实战——制作室内混响效果

经过本章内容的学习，下面将利用延迟、音频过渡效果以及调整音频增益等知识点来制作室内混响效果。具体操作步骤如下。

Step01 打开 Premiere 软件，新建项目和序列。执行"文件"|"导入"命令，在打开的"导入"对话框中选中本章素材文件"音频.mp3"，完成后单击"确定"按钮，导入效果如图 7-26 所示。

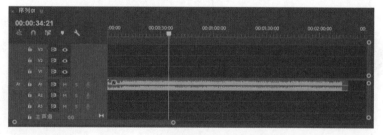

图 7-26

Step02 在"项目"面板中选中素材"音频.mp3"，将其拖曳至"时间轴"面板中的 A1 轨道上，如图 7-27 所示。

图 7-27

Step03 执行"剪辑"|"音频选项"|"音频增益"命令，在打开的"音频增益"对话框中对音频增益进行调整，如图 7-28 所示。

Step04 在"效果"面板中搜索"室内混响"音频效果，将其拖曳至 A1 轨道素材中。选中 A1 轨道素材，在"效果控件"面板中单击"室内混响"中的"编辑"按钮，打开"剪辑效果编辑器 - 室内混响"对话框进行设置，如图 7-29 所示。

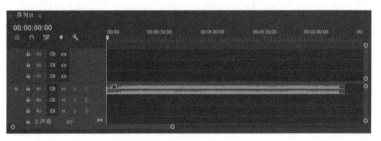

图 7-28　　　　　　　　　　　　　　图 7-29

Step05 在"效果"面板中搜索"指数淡化"音频过渡效果，将其拖曳至 A1 轨道中素材起始位置，如图 7-30 所示。

图 7-30

Step06 选中添加的音频过渡效果，在"效果控件"面板中设置持续时间为 3 秒，如图 7-31 所示。

图 7-31

Step07 使用相同的方法，在素材末端添加同样的音频过渡效果，并调整持续时间为3秒，效果如图7-32所示。

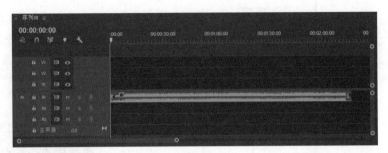

图 7-32

至此，完成室内混响效果的制作。

△ **ACAA课堂笔记**

Adobe PremierePro CC 课堂实录

课后作业

一、选择题

1. Premiere 软件不支持导出下面（　　）音频格式。
A. 5.1 声道
B. 7.1 声道
C. 单声道
D. 立体声

2. 以下（　　）效果不是音频过渡效果。
A. 模拟延迟
B. 恒定功率
C. 恒定增益
D. 指数淡化

3. 以下（　　）音频特效，可以针对不同的频段进行音量的精确调整。
A. 消除嗡嗡声
B. 多功能延迟
C. 平衡
D. EQ

4. 以下（　　）操作可以创建 5.1 声道的声音。
A. 新建项目的时候，将音频轨道类型设置为 5.1
B. 新建轨道的时候，将音频轨道类型设置为 5.1
C. 建立序列的时候，将音频轨道类型设置为 5.1
D. 输出的时候，在输出设置里将音频轨道类型设置为 5.1

二、填空题

1. 当音频音量超出安全范围时，"音频仪表"面板中的两个柱状顶端将显示_____。
2. 5.1 声道包括中央声道，前置左、右声道，后置左、右环绕声道以及一个独立的_____。
3. _____效果可以复制音频剪辑的左声道信息至右声道中，清除现有的右声道信息。

三、操作题

1. 制作回音效果。
（1）"效果控件"面板参数设置如图 7-33 所示。

图 7-33

（2）操作思路。

打开 Premiere 软件，导入音频素材。

为音频添加"延迟"效果，并对其参数进行调整即可。

2. 制作交响乐效果。

（1）"效果控件"面板参数设置如图 7-34 所示。

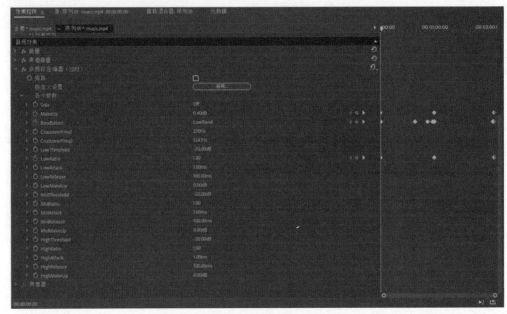

图 7-34

（2）操作思路。

打开 Premiere 软件，导入音频素材。

添加"多频带压缩器（过时）"音频效果并进行调整。

选择部分参数添加关键帧，使音频变化即可。

项目输出

内容导读

　　在 Premiere 软件中，当作品创建完成后，为了便于观看效果以及传输，可以将其输出为可以独立播放的视频文件或其他格式文件。Premiere 软件支持多种格式的输出，本章将针对输出方式及常见输出格式进行讲解。

学习目标

>> 学会输出项目文件

>> 了解可输出格式

>> 掌握如何设置输出参数

8.1 输出准备

影片制作完成后，就可以将其输出。在输出之前，需要做好一些准备工作。下面将针对影片输出的一些准备工作进行讲解。

8.1.1 设置时间线

在"时间轴"面板中查看素材时，可以移动右侧的滑块调整轨道的显示比例，也可以移动时间轴底部的滑块调整工作区域，以便更好地选择合适的时间点。如图8-1所示为调整过的"时间轴"面板。

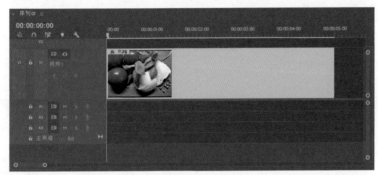

图 8-1

8.1.2 渲染预览

在制作视频的过程中，添加完效果后，部分时间轴会变为红色，此时编辑预览就会比较卡顿。为了缓解这一状况，可以将编辑好的文字、图像、音频和视频效果进行预处理，即进行渲染，生成暂时的预览视频。渲染后，红色的时间轴部分变为绿色。如图8-2所示为"时间轴"面板中渲染与未渲染的时间轴对比效果。

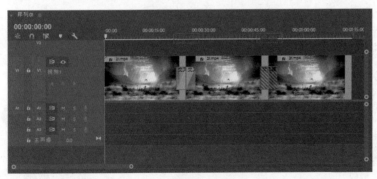

图 8-2

选中需要进行渲染的时间段，执行"序列"|"渲染入点到出点的效果"命令或按 Enter 键即可对素材进行预处理。

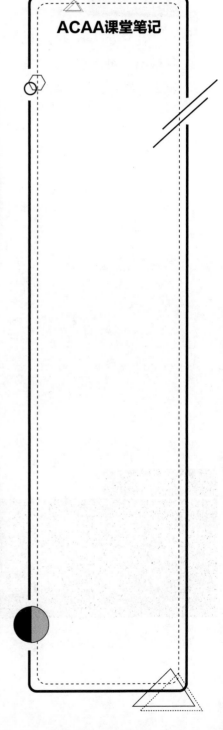

ACAA课堂笔记

8.1.3 输出方式

做好输出准备后，就可以输出文件。在 Premiere 软件中，执行"文件"|"导出"|"媒体"命令，打开"导出设置"对话框并对参数进行设置，完成后单击"导出"按钮，即可输出影片。如图 8-3 所示为打开的"导出设置"对话框。

图 8-3

知识拓展

除了通过执行命令打开"导出设置"对话框外，还可以按 Ctrl+M 组合键打开该对话框进行设置。

8.2 可输出的格式

Premiere 软件支持多种高级输出格式，以适应不同播放软件的要求。如图 8-4 所示为 Premiere 软件支持输出的格式。

AAC 音频	H.264 蓝光	P2 影片
AIFF	HEVC (H.265)	PNG
AS-10	JPEG	QuickTime
AS-11	JPEG2000 MXF OP1a	Targa
AVI	MP3	TIFF
AVI（未压缩）	MPEG2	Windows Media
BMP	MPEG2 蓝光	Wraptor DCP
DNxHR/DNxHD MXF OP1a	MPEG2-DVD	动画 GIF
DPX	MPEG4	波形音频
GIF	MXF OP1a	
H.264	OpenEXR	

图 8-4

下面将针对这些格式中比较常见的部分进行讲解。

8.2.1 可输出的视频格式

Premiere软件中,常见的视频输出格式包括AVI格式、QuickTime格式、MPEG4格式、H.264格式等。接下来将介绍这几种视频格式。

1. AVI 格式

AVI格式可以同步播放音频和视频,又被称为音频视频交错格式。该格式采用了有损压缩的方式,但画质好、兼容性强,应用非常广泛。

2. QuickTime 格式

QuickTime格式是由苹果公司开发的一种音频视频文件格式,可用于存储常用数字媒体类型,保存文件后缀为.mov。该格式画面效果优于AVI格式。

3. MPEG4 格式

MPEG4格式是网络视频图像压缩标准之一。该格式压缩比高,对传输速率要求低,广泛应用于影音数位视讯产业。

4. H.264 格式

H.264格式具有很高的数据压缩比率,容错能力强,同时图像质量也很高,在网络传输中更为方便经济。在Premiere软件中,若想输出.mp4格式的文件,可以选择该格式导出。

实例:输出 MP4 格式影片

这里将练习输出MP4格式的影片,其中涉及的知识点包括设置渲染预览、输出影片等。下面将介绍具体的操作步骤。

Step01 打开本章素材文件"手机遮罩.prproj",如图8-5所示。

图 8-5

Step02 在"时间轴"面板中按 Enter 键预渲染素材，弹出"渲染"对话框，如图 8-6 所示。渲染完成后"时间轴"面板中的红色部分变为绿色，如图 8-7 所示。

| 图 8-6 | 图 8-7 |

Step03 执行"文件"|"导出"|"媒体"命令，打开"导出设置"对话框，在"导出设置"选项卡中设置"格式"为 H.264，单击"输出名称"后的蓝色文字，打开"另存为"对话框，设置输出文件的名称和位置，如图 8-8 所示。

图 8-8

Step04 完成后单击"保存"按钮，确认设置。在"导出设置"对话框中单击"导出"按钮，开始导出文件，如图 8-9 所示。

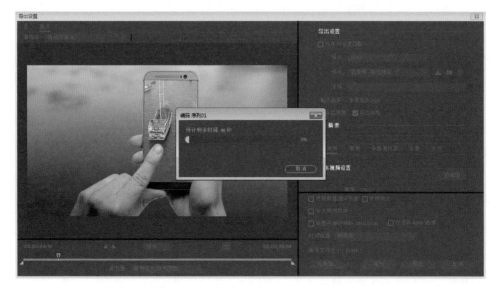

图 8-9

Step05 待进度条完成，即可在设置的文件夹中找到导出的视频，如图 8-10 所示。

图 8-10

至此，完成 MP4 格式影片的输出。

8.2.2　可输出的音频格式

Premiere 软件中，常见的音频输出格式包括 MP3 格式、波形音频格式、Windows Media 格式、AAC 音频格式等。接下来将介绍这几种音频格式。

1. MP3 格式

MP3 是一种音频编码方式，它可以大幅度地降低音频数据量，减少占用空间，在音质上也没有明显下降，适用于移动设备的存储和使用。

2. 波形音频格式

波形音频格式是最早的音频格式，保存文件后缀为 .wav。该格式支持多种压缩算法，且音质好，但占用的存储空间也相对较大，不便于交流和传播。

3. Windows Media 格式

Windows Media 格式即 WMA 格式，该格式通过减少数据流量但保持音质的方法提高压缩率，在压缩比和音质方面都比 MP3 格式好。

4. AAC 音频格式

AAC 音频格式的中文名称为"高级音频编码"，该格式采用了全新的算法进行编码，更加高效，压缩比相对来说也较高。但 AAC 格式为有损压缩，音质相对有所不足。

8.2.3　可输出的图像格式

Premiere 软件中，常见的图像输出格式包括 BMP 格式、JPEG 格式、PNG 格式、Targa 格式等。接下来将介绍这几种图像格式。

1. BMP 格式

BMP 格式是 Windows 操作系统中的标准图像文件格式，该格式几乎不压缩图像，包含的图像信息丰富，但占据内存较大。

2. JPEG 格式

JPEG 格式是最常用的图像文件格式，属于有损压缩。在压缩处理图像时，该图像格式可以在高质量图像和低质量图像之间进行选择。

3. PNG 格式

PNG 格式即为便携式网络图形，属于无损压缩，体积小，压缩比高，支持透明效果、真彩和灰度级图像的 Alpha 通道透明度，一般应用于网页、Java 程序中。

4. Targa 格式

Targa 格式兼具体积小和效果清晰的特点，是计算机上应用最广泛的图像格式，保存文件后缀为 .tga。该格式可以制作出不规则形状的图形、图像文件，是计算机生成图像向电视转换的首选格式。

8.3 输出设置

了解完输出准备和可输出格式后，就可以对影片输出参数进行设置。下面将针对影片输出的设置进行讲解。

■ 8.3.1 导出设置选项

"导出设置"选项卡中的设置可以确定输出影片的格式、路径、名称等。

执行"文件"|"导出"|"媒体"命令，打开"导出设置"对话框，在该对话框中的"导出设置"选项卡中，可以对导出文件的格式等进行设置。如图 8-11 所示为"导出设置"对话框中的"导出设置"选项卡。

图 8-11

该选项卡中的设置含义如下。

◎ 与序列设置匹配：勾选该复选框后，将根据序列设置输出文件。

◎ 格式：用于选择文件导出的格式。

◎ 预设：用于选择预设的编码配置输出文件，选择不同的格式后预设选项也会有所不同。

◎ 注释：用于添加文件输出时的注解。

◎ 输出名称：用于设置文件输出时的名称和路径。

◎ 导出视频：勾选该复选框，可导出文件的视频部分。

◎ 导出音频：勾选该复选框，可导出文件的音频部分。

◎ 摘要：用于显示文件输出的一些信息。

8.3.2 视频设置选项

设置完"导出设置"选项卡中的内容后，就可以对"视频"选项卡中的内容进行设置。如图 8-12 所示为"导出设置"对话框中的"视频"选项卡。

该选项卡中的部分设置含义如下。

◎ 基本视频设置：用于设置输出视频的宽度、高度、帧速率等参数。如图 8-13 所示为展开的"基本视频设置"选项。

◎ 比特率设置：用于设置输出文件的比特率。比特率数值越大，输出文件越清晰，但超过一定数值后，清晰度不会有明显提升。

◎ 高级设置：用于设置关键帧距离等参数。

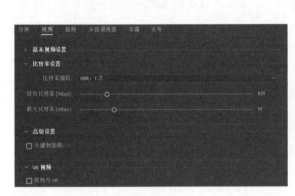

图 8-12

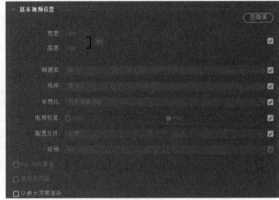

图 8-13

8.3.3 音频设置选项

在"音频"选项卡中，可以对输出文件的音频属性进行更详细的设置。如图 8-14 所示为"导出设置"对话框中的"音频"选项卡。

该选项卡中的部分设置含义如下。

◎ 音频格式设置：用于设置音频格式。

◎ 基本音频设置：用于设置音频的采样率、声道、音频质量等属性。如图 8-15 所示为展开的"基本音频设置"选项。

◎ 比特率设置：用于设置输出音频的比特率。

图 8-14

图 8-15

■ **实例：输出 GIF 动图**

下面将练习输出 GIF 动图，其中涉及的知识点包括"导出设置"选项卡的设置等。具体操作步骤如下。

Step01 打开本章素材文件"宠物狗 .prproj"，如图 8-16 所示。

图 8-16

Step02 执行"文件"|"导出"|"媒体"命令，打开"导出设置"对话框，在"导出设置"选项卡中设置"格式"为"动画 GIF"，单击"输出名称"后的蓝色文字，打开"另存为"对话框，设置输出文件的名称和位置，如图 8-17 所示。

图 8-17

Step03 完成后单击"保存"按钮，确认设置。在"导出设置"对话框的"视频"选项卡中调整质量参数，如图 8-18 所示。

Step04 在"导出设置"对话框中单击"导出"按钮，开始导出文件，如图 8-19 所示。

Step05 待进度条完成，即可在设置的文件夹中找到导出的视频，播放效果如图 8-20 所示。

至此，完成 GIF 动图的输出。

图 8-18

图 8-19

图 8-20

课堂实战——制作并输出电子相册

经过本章内容的学习后，下面将利用所学知识制作并输出电子相册。具体操作步骤如下。

Step01 打开 Premiere 软件，新建项目和序列。执行"文件"|"导入"命令，在打开的"导入"对话框中选中本章素材文件"照片 1.jpg""照片 2.jpg""照片 3.jpg""照片 4.jpg"和"背景 .mp4"，完成后单击"确定"按钮，导入效果如图 8-21 所示。

Step02 在"项目"面板中选中素材"背景 .mp4"，将其拖曳至"时间轴"面板中的 V1 轨道上。选中素材"照片 1.jpg"，将其拖曳至"时间轴"面板中的 V2 轨道上，如图 8-22 所示。

Step03 移动时间线至 00:00:04:00 处，拖曳素材"照片 2.jpg"至"时间轴"面板中的 V3 轨道上，起始位置与时间线对齐。依次拖曳素材"照片 3.jpg""照片 4.jpg"至"时间轴"面板中的 V4、V5 轨道上，起始时间依次为 00:00:08:00、00:00:12:00，如图 8-23 所示。

Step04 选中 V2 轨道中的素材"照片 1.jpg"，在"效果控件"面板中设置"缩放"参数为 60，单击"位置"和"旋转"参数前的"切换动画"按钮，新建关键帧，并调整参数，如图 8-24 所示。

图 8-21

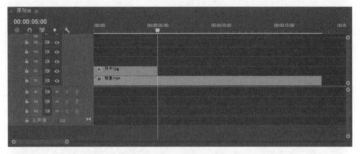

图 8-22

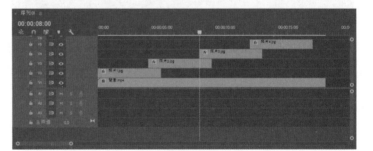

图 8-23

图 8-24

第 8 章

项目输出

Step05 移动时间线至 00:00:02:00 处，调整"位置"和"旋转"参数，添加关键帧，如图 8-25 所示。

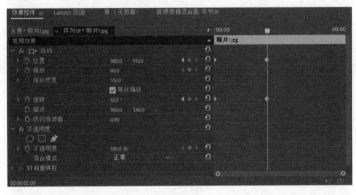

图 8-25

Step06 移动时间线至 00:00:02:12 处，调整"旋转"参数，添加关键帧，如图 8-26 所示。

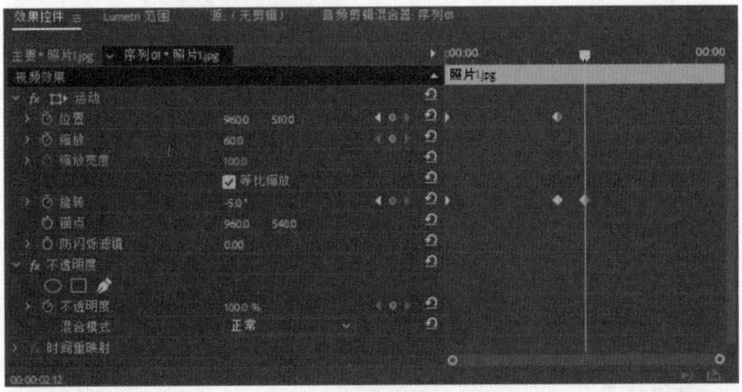

图 8-26

Step07 移动时间线至 00:00:02:20 处，调整"旋转"参数，添加关键帧。单击"缩放"和"不透明度"参数前的"切换动画"按钮，新建关键帧，并调整参数，如图 8-27 所示。

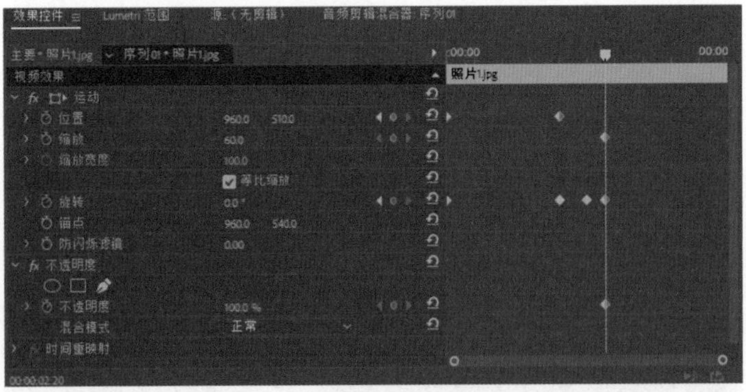

图 8-27

ACAA课堂笔记

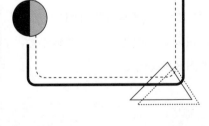

Step08 移动时间线至 00:00:04:00 处，调整"缩放"和"不透明度"参数，添加关键帧，如图 8-28 所示。

图 8-28

Step09 选中所有关键帧，右击鼠标，在弹出的快捷菜单中选择"临时插值"子菜单中的"缓入"和"缓出"命令，平缓动画效果，如图 8-29 所示。

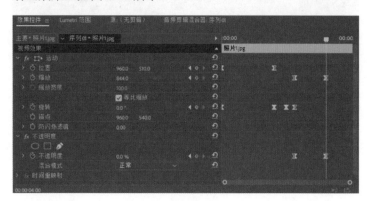

图 8-29

Step10 使用相同的方法，在其余 3 个图像素材中添加关键帧效果，如图 8-30、图 8-31、图 8-32 所示。

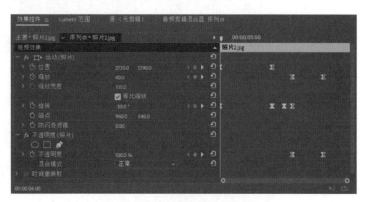

图 8-30

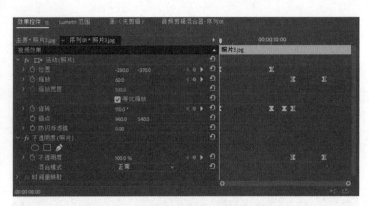

图 8-31

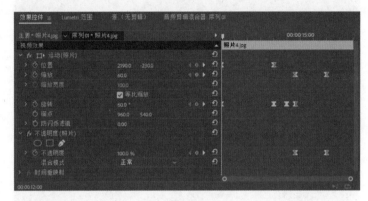

图 8-32

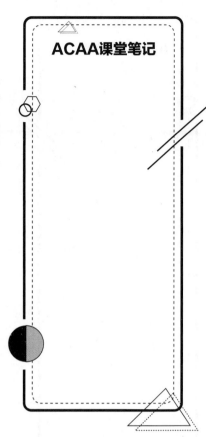

ACAA课堂笔记

知识点拨

在"效果控件"面板中选中属性,右击鼠标,在弹出的快捷菜单中选择"设为预设"命令,可将当前选中的属性设置为预设,方便相同效果的添加。

Step11 执行"文件"|"新建"|"旧版标题"命令,打开"新建字幕"对话框,保持默认设置后单击"确定"按钮,打开"字幕"设计面板,使用文字工具输入文字,如图 8-33 所示。

图 8-33

Step12 在"项目"面板中选中字幕素材,将其拖曳至"时间轴"面板中的V2轨道上,调整其持续时间为2秒,末端与V1轨道素材末端对齐,如图8-34所示。

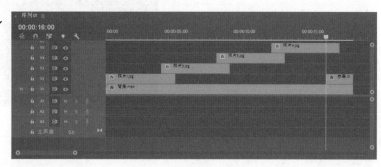

图 8-34

Step13 选中V2轨道中的字幕素材,移动时间线至其起始位置,在"效果控件"面板中单击"不透明度"属性前的"切换动画"按钮,添加关键帧,设置"不透明度"参数为0%,如图8-35所示。

图 8-35

Step14 移动时间线至00:00:17:00处,调整"不透明度"参数为100%,添加关键帧,如图8-36所示。

图 8-36

Step15 选中添加的"不透明度"关键帧，右击鼠标，在弹出的快捷菜单中选择"缓入"和"缓出"命令，平缓动画效果，如图 8-37 所示。

Step16 执行"文件"|"导出"|"媒体"命令，打开"导出设置"对话框，在"导出设置"选项卡中设置"格式"为 AVI，单击"输出名称"后的蓝色文字，打开"另存为"对话框，设置输出文件的名称和位置，如图 8-38 所示。

Step17 在"导出设置"对话框中单击"导出"按钮，开始导出文件，如图 8-39 所示。

Step18 待进度条完成，即可在设置的文件夹中找到导出的视频，播放效果如图 8-40 所示。

至此，完成电子相册的制作和输出。

图 8-37

图 8-38

图 8-39

图 8-40

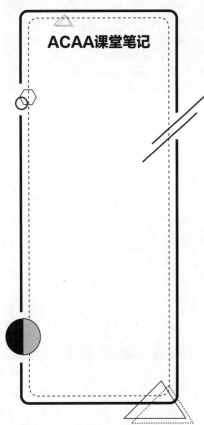

ACAA课堂笔记

课后作业

一、选择题

1. 在 Premiere 中，打开影片的导出设置的快捷键是（   ）。

A. Ctrl+F   B. Ctrl+D

C. Ctrl+S   D. Ctrl+M

2. Premiere 软件无法输出（   ）格式。

A. PSD   B. JPEG

C. H.264   D. MP3

3. 若想对素材进行预处理，可以按（   ）键。

A. 空格   B. Ctrl

C. Enter   D. Alt

二、填空题

1. 若想输出 *.mp4 文件，可以在输出时选择_____格式。

2. 默认时间轴上方的颜色是_____。

3. 常见的 Premiere 软件输出的视频格式有_____、_____、_____、_____等。

三、操作题

1. 输出 QuickTime 格式影片。

（1）效果如图 8-41 所示。

图 8-41

（2）操作思路。

打开 Premiere 软件，导入本章素材。

将素材置入"时间轴"面板中，调整合适的持续时间。

添加视频过渡效果和关键帧动画即可。

2. 输出"印象成都"宣传片。

（1）效果如图8-42所示。

图 8-42

（2）操作思路

打开 Premiere 软件，导入本章素材。

将素材置入"时间轴"面板中，调整合适的位置及持续时间。

添加关键帧动画、视频效果等即可。

综合实战篇

General Practice

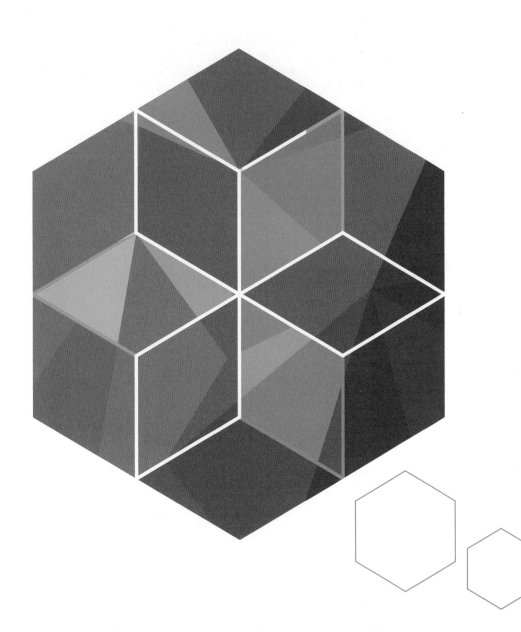

第〈9〉章

制作视频故障效果

内容导读

　　在 Premiere 软件中，可以通过对多种视频效果、关键帧、工具等的综合应用，制作出丰富的视觉效果。本章将结合视频效果、关键帧等知识点，来讲解制作视频故障效果的步骤。

学习目标

　　» 视频效果的应用

　　» 剪辑工具的应用

　　» 关键帧的应用

　　» 影片的输出

9.1 视频效果的制作

通过本书内容的学习，本小节将利用"颜色平衡（RGB）"、"波形变形"等视频效果和关键帧等制作视频故障效果。

■ 9.1.1 添加素材

下面介绍如何添加视频素材并进行处理。

Step01 打开 Premiere 软件，新建项目和序列。执行"文件"|"导入"命令，在打开的"导入"对话框中选中本章素材文件"奔跑.mp4"，完成后单击"确定"按钮，导入效果如图 9-1 所示。

图 9-1

Step02 在"项目"面板中选中素材"奔跑.mp4"，将其拖曳至"时间轴"面板中的 V1 轨道上，如图 9-2 所示。

图 9-2

Step03 选中 V1 轨道中的素材，按住 Alt 键向上复制，如图 9-3 所示。选中 V2 轨道中的素材，在"效果控件"面板中设置"不透明度"属性下的"混合模式"为"滤色"，此时"节目"监视器面板显示效果如图 9-4 所示。

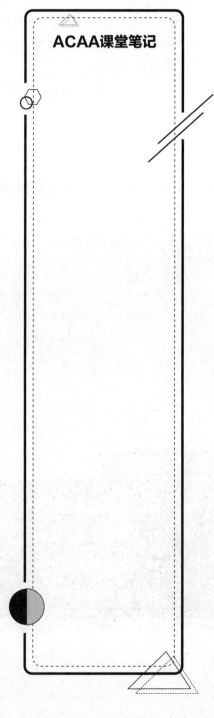

ACAA课堂笔记

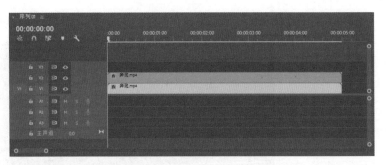

图 9-3

图 9-4

Step04 选中 V2 轨道中的素材，移动时间线至 00:00:02:00 处，使用剃刀工具 ✂ 裁切素材，如图 9-5 所示。使用相同的方法在 00:00:03:00 处裁切素材，如图 9-6 所示。

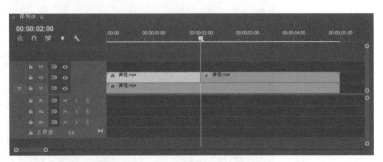

图 9-5

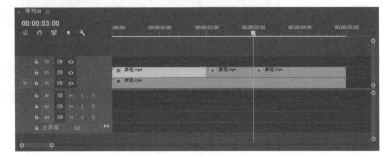

图 9-6

第 9 章 制作视频故障效果

选中 V2 轨道的中间段素材，按住 Alt 键向上复制 3 次，如图 9-7 所示。

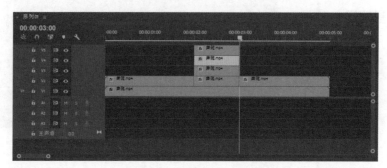

图 9-7

9.1.2　添加效果

素材添加并处理完成后，就可以进行效果的添加，下面将进行介绍。

Step01 在"效果"面板中搜索"颜色平衡（RGB）"视频效果，将其拖曳至 V2 轨道的中间段素材上，如图 9-8 所示。在"效果控件"面板中调整参数，如图 9-9 所示。

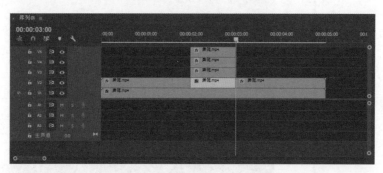

图 9-8

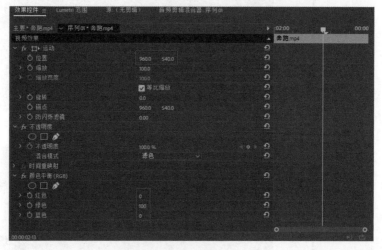

图 9-9

Step02 使用相同的方法，为 V3 和 V4 轨道上的素材添加"颜色平衡（RGB）"视频效果，并调整参数，如图 9-10、图 9-11 所示依次为 V3、V4 轨道中效果的参数设置。调整后效果如图 9-12 所示。

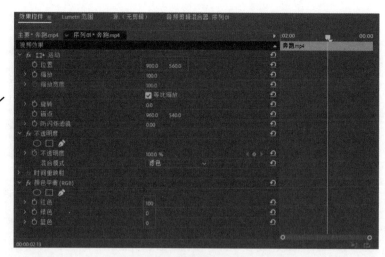

图 9-10

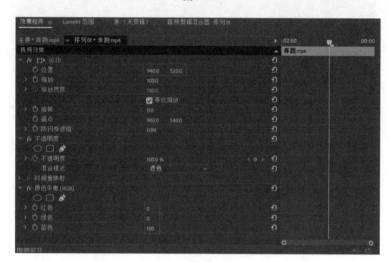

图 9-11

图 9-12

Step03 在"效果"面板中搜索"波形变形"视频效果,将其拖曳至 V5 轨道的中间段素材上,如图 9-13 所示。

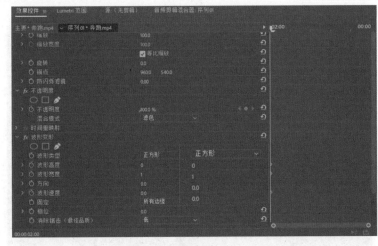

图 9-13

Step04 选中 V5 轨道中的素材,移动时间线至 00:00:02:00 处,在"效果控件"面板中设置参数,并单击"波形高度""波形宽度""波形速度"属性前的"切换动画"按钮,添加关键帧,如图 9-14 所示。

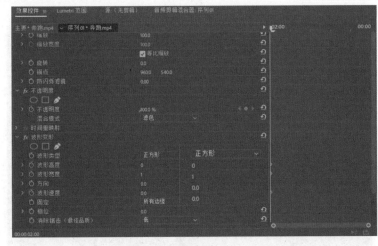

图 9-14

Step05 移动时间线至 00:00:02:03 处,调整"波形高度""波形宽度""波形速度"属性,添加关键帧,如图 9-15 所示。

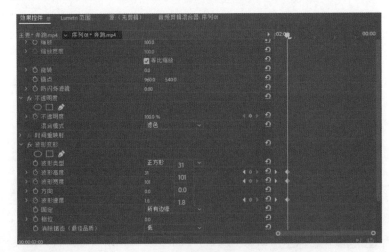

图 9-15

Adobe PremierePro CC 课堂实录

Step06 使用相同的方法，分别在 00:00:02:07、00:00:02:11、00:00:02:14、00:00:02:18、00:00:02:22 处调整参数，添加关键帧，如图 9-16 所示。

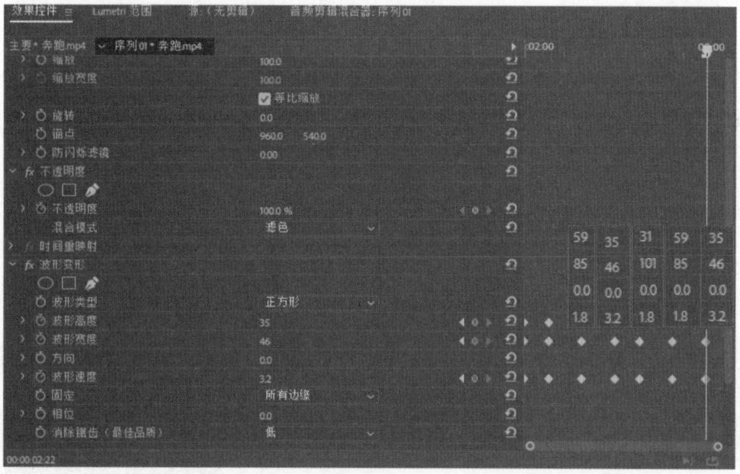

图 9-16

Step07 选中所有关键帧，右击鼠标，在弹出的快捷菜单中选择“缓入”和“缓出”命令，平缓动画效果，如图 9-17 所示。

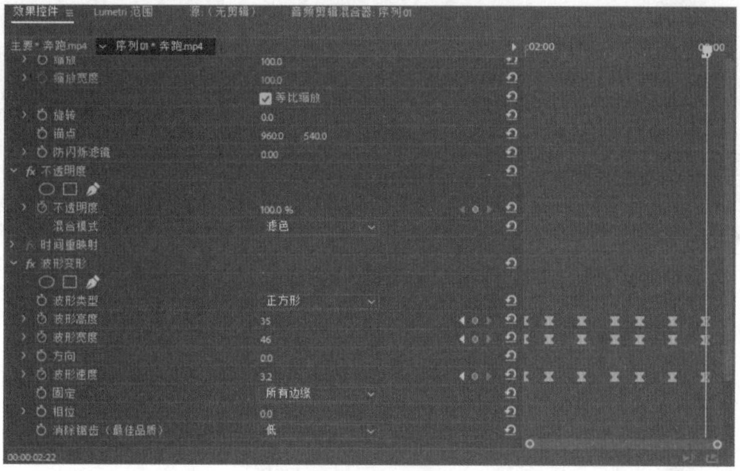

图 9-17

至此，完成视频故障效果的制作。

9.2 影片文件的输出

下面将进行输出影片，涉及的知识点包括导出设置等。具体步骤如下。

Step01 执行“文件”|“导出”|“媒体”命令，打开“导出设置”对话框，在“导出设置”选项卡中设置“格式”为 AVI，单击“输出名称”后的蓝色文字，打开“另存为”对话框，设置输出文件的名称和位置，如图 9-18 所示。

图 9-18

Step02 其余设置保持默认，在"导出设置"对话框中单击"导出"按钮，开始导出文件，如图 9-19 所示。

图 9-19

Step03 待进度条完成，即可在设置的文件夹中找到导出的视频，播放效果如图 9-20 所示。

图 9-20

至此，完成视频故障效果的制作与输出。

第〈10〉章

制作水墨风宣传片

内容导读

随着影视技术的发展，出现了多种多样的影视作品，如广告片、宣传片、Vlog、微电影等。其中宣传片可以更好地传达品牌形象、文化等综合信息。本章将结合Premiere 软件中多种效果及工具的用法，制作中式水墨风的宣传片。

学习目标

» 视频效果的应用

» 字幕效果的设置

» 关键帧的应用

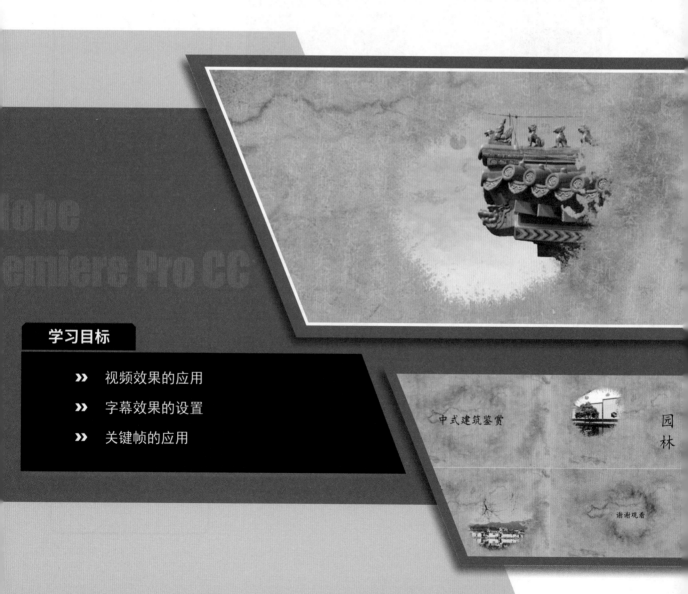

10.1 宣传片背景设计

下面将制作宣传片背景，涉及的知识点包括导入素材、新建字幕素材以及调整素材持续时间等。具体操作步骤如下。

Step01 打开 Premiere 软件，新建项目和序列。执行"文件"|"导入"命令，在打开的"导入"对话框中选中本章素材文件"背景.jpg"和"笛音.wav"，完成后单击"确定"按钮，导入效果如图 10-1所示。

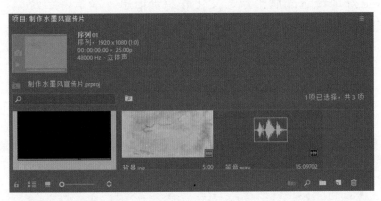

图 10-1

Step02 在"项目"面板中选中素材"背景.jpg"，将其拖曳至"时间轴"面板的 V1 轨道中，移动时间线至 00:00:27:00 处，使用选择工具拖曳素材末端至与时间线对齐，如图 10-2 所示。

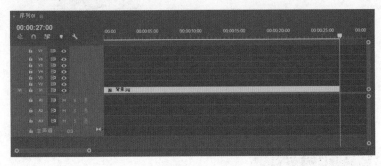

图 10-2

Step03 在"项目"面板中选中素材"笛音.wav"，将其拖曳至"时间轴"面板的 A1 轨道中，右击鼠标，在弹出的快捷菜单中选择"速度/持续时间"命令，打开"剪辑速度/持续时间"对话框，设置"持续时间"为 5 秒，勾选"保持音频音调"复选框，如图 10-3 所示。调整效果如图 10-4 所示。

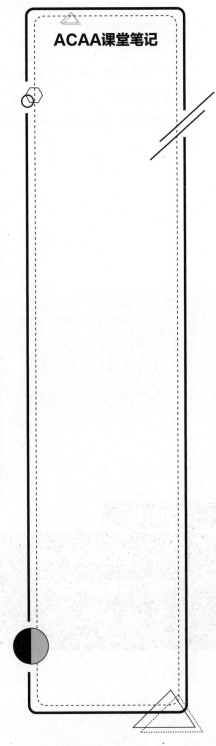

ACAA课堂笔记

Adobe PremierePro CC 课堂实录

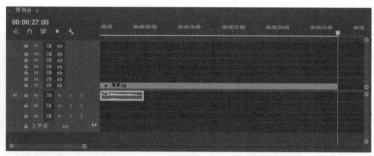

图 10-3 图 10-4

Step04 选中 A1 轨道中的素材，按住 Alt 键向右拖曳复制，使其起始位置与原素材末端对齐，如图 10-5 所示。

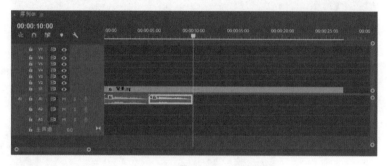

图 10-5

Step05 选中复制的音频素材，右击鼠标，在弹出的快捷菜单中选择"速度 / 持续时间"命令，打开"剪辑速度 / 持续时间"对话框，设置"持续时间"为 22 秒，勾选"保持音频音调"复选框，调整效果如图 10-6 所示。

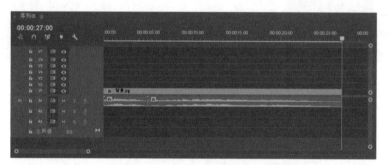

图 10-6

ACAA课堂笔记

第10章

制作水墨风宣传片

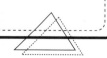

Step06 执行"文件"|"新建"|"旧版标题"命令，打开"新建字幕"对话框，保持默认设置后单击"确定"按钮，打开"字幕"设计面板，使用垂直文字工具输入文字，如图 10-7 所示。

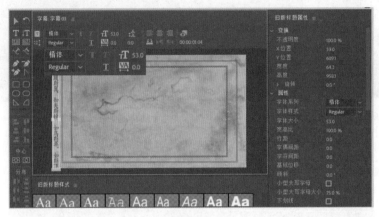

图 10-7

Step07 选中输入的文字，单击"滚动 / 游动"按钮，在打开的"滚动 / 游动选项"对话框中进行设置，如图 10-8 所示。设置后，文字在"字幕"设计面板中的显示效果如图 10-9 所示。

图 10-8

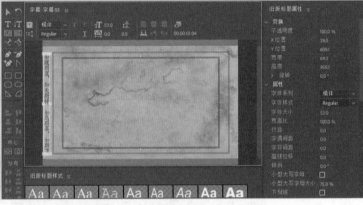

图 10-9

Step08 选中输入的文字，按住 Alt 键向右拖曳复制，重复多次。选中所有文字，单击"字幕"设计面板中的"水平居中分布"按钮，调整其分布效果，最终效果如图 10-10 所示（本例中复制后共 24 列文字）。

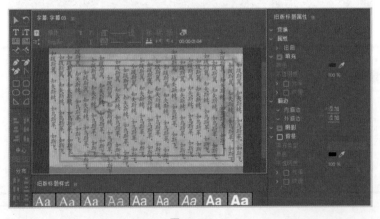

图 10-10

Step09 选中"项目"面板中新建的字幕素材,将其拖曳至 V2 轨道中,如图 10-11 所示。

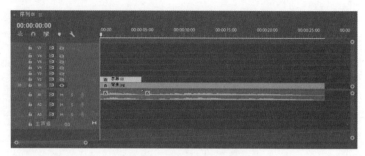

图 10-11

Step10 选中 V2 轨道中的素材,右击鼠标,在弹出的快捷菜单中选择"嵌套"命令,将该素材嵌套,如图 10-12 所示。

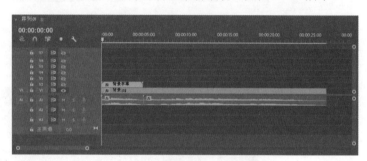

图 10-12

Step11 双击进入嵌套素材,移动时间线至 00:00:02:00 处,选中 V2 轨道中的素材,按住 Alt 键向右上方拖曳复制,使其起始位置与时间线对齐,如图 10-13 所示。重复多次,保持复制素材与前一个素材 2 秒的时间差,最终效果如图 10-14 所示。

图 10-13

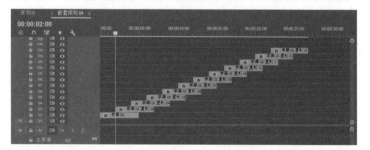

图 10-14

单击"时间轴"面板中上方的"序列 01"标签，回到原序列，选中嵌套素材，在"效果控件"面板中设置"混合模式"为"滤色"，调整其持续时间为 27 秒，效果如图 10-15 所示。

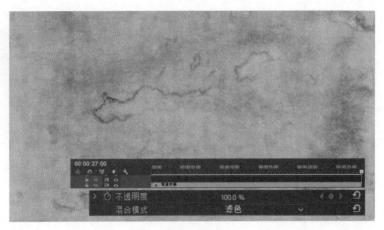

图 10-15

Step13 在"项目"面板中选中复制的字幕素材，将其拖曳至"项目"面板底部的"新建素材箱"按钮上，新建素材箱，并修改名称，如图 10-16 所示。

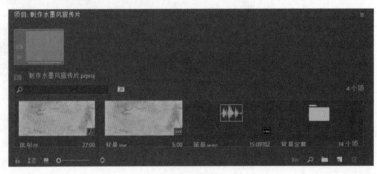

图 10-16

至此，完成宣传片背景的制作。

10.2 水墨效果的制作

本小节将制作水墨效果，涉及的知识点包括颜色遮罩、轨道遮罩键、关键帧等。具体操作步骤如下。

ACAA课堂笔记

Step01 单击"项目"面板底部的"新建项"按钮 ，在弹出的下拉菜单中选择"颜色遮罩"命令，在弹出的"新建颜色遮罩"对话框中保持默认设置，单击"确定"按钮后设置颜色为黑色，创建颜色遮罩，并拖曳新建的颜色遮罩素材至 V3 轨道中，如图 10-17 所示。

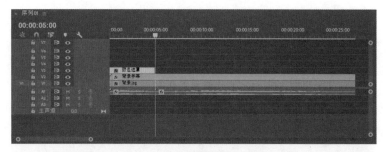

图 10-17

Step02 执行"文件"|"导入"命令，在打开的"导入"对话框中选中本章素材文件"故宫 .jpg""苏博 .jpg""宏村 .jpg""土楼 .jpg""烟雾 .mp4"和"水墨 .mp4"，完成后单击"确定"按钮，导入效果如图 10-18 所示。

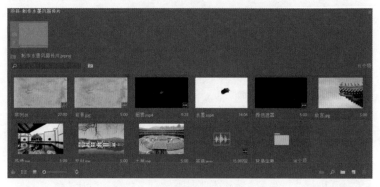

图 10-18

Step03 选中"烟雾"素材，将其拖曳至"时间轴"面板的 V6 轨道中，如图 10-19 所示。

Step04 移动时间线至 00:00:04:22 处，使用剃刀工具在"烟雾 .mp4"素材上单击，裁切素材，并删除左半部分，如图 10-20 所示。

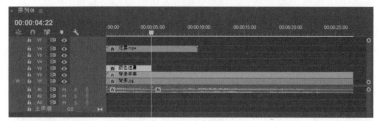

图 10-19

Step05 向左移动"烟雾 .mp4"素材，使其末端与 V3 轨道中的颜色遮罩素材末端对齐，如图 10-21 所示。

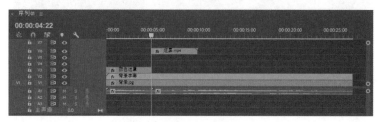

图 10-20

Step06 在"效果"面板中搜索"轨道遮罩键"视频效果，将其拖曳至 V3 轨道中的"颜色遮罩"素材上，在"效果控件"面板中设置参数，如图 10-22 所示。在"节目"监视器面板中的预览效果如图 10-23 所示。

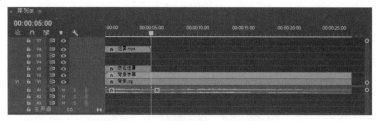

图 10-21

图 10-22

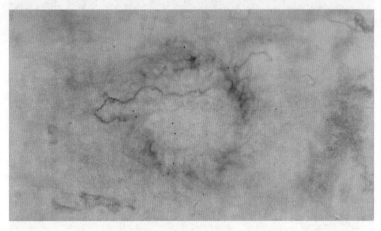

图 10-23

Step07 执行"文件"|"新建"|"旧版标题"命令，打开"新建字幕"
对话框，保持默认设置后单击"确定"按钮，打开"字幕"设计面板，
使用文字工具输入文字，如图 10-24 所示。

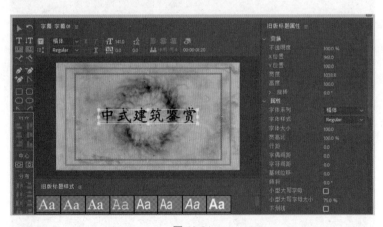

图 10-24

Step08 在"项目"面板中选中新建的字幕素材，将其拖曳至"时
间轴"面板的 V4 轨道中，如图 10-25 所示。

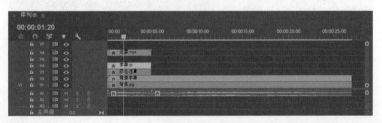

图 10-25

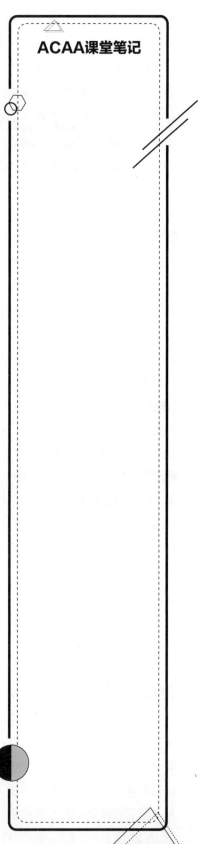

Step09 选中 V4 轨道中的字幕素材，移动时间线至 00:00:00:00 处，在"效果控件"面板中单击"缩放"和"不透明度"参数前的"切换动画"按钮，添加关键帧，如图 10-26 所示。

图 10-26

Step10 移动时间线至 00:00:01:00 处，设置"不透明度"参数，添加关键帧，如图 10-27 所示。

图 10-27

Step11 使用相同的方法，在 00:00:03:00 处添加"缩放"关键帧，在 00:00:04:00 和 00:00:05:00 处添加"不透明度"关键帧，如图 10-28 所示。

图 10-28

ACAA课堂笔记

Step12 选中"项目"面板中的"水墨.mp4"素材,将其拖曳至 V4 轨道中字幕素材之后,右击鼠标,在弹出的快捷菜单中选择"速度/持续时间"命令,打开"剪辑速度/持续时间"对话框,设置"持续时间"为 5 秒,效果如图 10-29 所示。

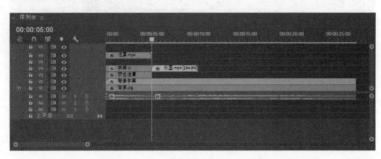

图 10-29

Step13 选中新添加的"水墨.mp4"素材,右击鼠标,在弹出的快捷菜单中选择"嵌套"命令,将该素材嵌套,如图 10-30 所示。

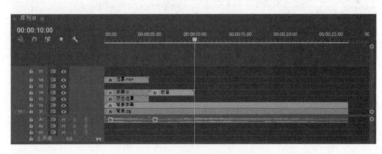

图 10-30

Step14 双击进入嵌套素材序列,拖曳"项目"面板中的"故宫.jpg"至 V3 轨道中,如图 10-31 所示。

Step15 选中 V4 轨道中的"水墨.mp4"素材,在"效果控件"面板中调整其"缩放"为 160,如图 10-32 所示。

图 10-31

图 10-32

Step16 在"效果"面板中搜索"轨道遮罩键"视频效果,将其拖曳至 V3 轨道中的"颜色遮罩"素材上,在"效果控件"面板中设置参数,如图 10-33 所示。在"节目"监视器面板中的预览效果如图 10-34 所示。

Step17 选中 V3 轨道中的"故宫.jpg"素材，移动时间线至 00:00:00:00 处，单击"效果控件"面板中"缩放"参数前的"切换动画"按钮，添加关键帧。移动时间线至 00:00:05:00 处，调整"缩放"参数，再次添加关键帧，如图 10-35 所示。

Step18 切换至"序列 01"面板中，选中嵌套素材，在"效果控件"面板中设置参数，如图 10-36 所示。效果如图 10-37 所示。

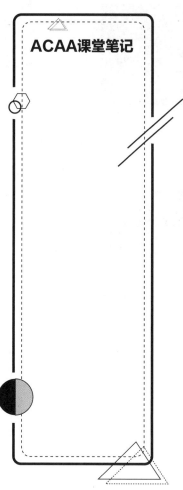

ACAA课堂笔记

图 10-33

图 10-34

图 10-35

图 10-36

图 10-37

Step19 按住 Alt 键拖曳复制 V3 轨道中的颜色遮罩素材至 V5 轨道中，使其起始位置与 V4 轨道中的嵌套素材起始位置一致。选中 V6 轨道中的"烟雾 .mp4"素材，按住 Alt 键向后拖曳复制，如图 10-38 所示。

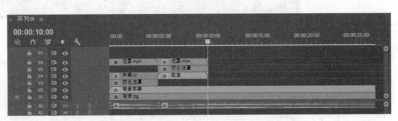

图 10-38

Step20 选中 V6 轨道中复制的"烟雾 .mp4"素材，在"效果控件"面板中调整其位置参数，如图 10-39 所示。

图 10-39

ACAA课堂笔记

Step21 执行"文件"|"新建"|"旧版标题"命令，打开"新建字幕"对话框，保持默认设置后单击"确定"按钮，打开"字幕"设计面板，使用文字工具输入文字，如图 10-40 所示。

Step22 在"项目"面板中选中新建的字幕素材，将其拖曳至"时间轴"面板的 V7 轨道中，如图 10-41 所示。

Step23 选中 V7 轨道中的字幕素材，在"效果控件"面板中设置其位置与下方的"烟雾 .mp4"素材一致。移动时间线至 00:00:05:00 处，单击"效果控件"面板中"缩放"参数前的"切换动画"按钮，添加关键帧。移动时间线至 00:00:07:15 处，调整"缩放"参数，再次添加关键帧，如图 10-42 所示。效果如图 10-43 所示。

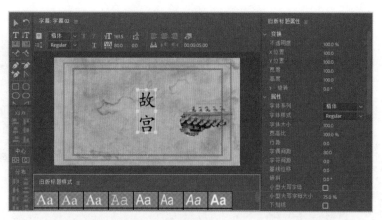

图 10-40

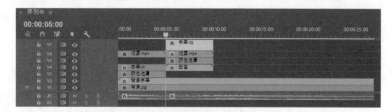

图 10-41

图 10-42

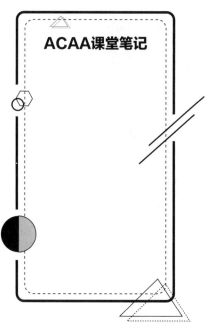

ACAA课堂笔记

图 10-43

Step24 使用相同的方法，依次制作出其他 3 组素材动画，如图 10-44 所示。

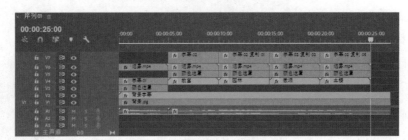

图 10-44

知识拓展

后 3 组素材动画操作与第一组一致，仅仅是时间与位置有所不同。

Step25 选中 V3、V4、V6 轨道中的第一段素材，按住 Alt 键向后拖曳至 00:00:25:00 处，调整持续时间为 2 秒，如图 10-45 所示。

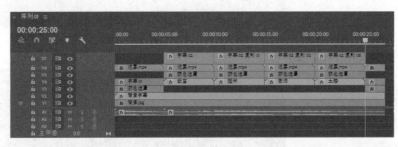

图 10-45

Step26 双击复制的字幕素材，打开"字幕"设计面板，修改文字，如图 10-46 所示。

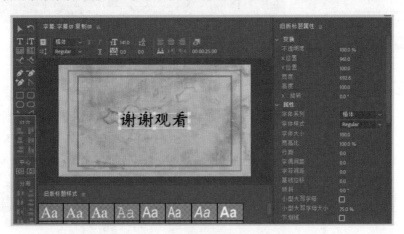

图 10-46

至此，完成水墨效果的制作。

10.3 **影片文件的输出**

接下来将输出影片，涉及的知识点包括导出设置等。具体步骤如下。

Step01 执行"文件"|"导出"|"媒体"命令，打开"导出设置"对话框，在"导出设置"选项卡中设置"格式"为 H.264，单击"输出名称"后的蓝色文字，打开"另存为"对话框，设置输出文件的名称和位置，如图 10-47 所示。

图 10-47

Step02 其余设置保持默认，在"导出设置"对话框中单击"导出"按钮，开始导出文件，如图 10-48 所示。

图 10-48

ACAA课堂笔记

待进度条完成，即可在设置的文件夹中找到导出的视频，播放效果如图 10-49 所示。

图 10-49

至此，完成水墨风宣传片的制作与输出。

第 11 章

制作纪录片片头

内容导读

　　片头位于影视作品正片之前，一般都不会过长，通过片头可以引发观众对后续情节的兴趣。本章将使用 Premiere 软件制作一款以"海洋的秘密"为主题的纪录片片头。通过本章的学习，读者可以更熟练地掌握多种视频效果、关键帧等知识的应用。

学习目标

　　»　整理素材

　　»　视频效果与视频过渡效果的应用

　　»　蒙版的应用

11.1 片头雏形的设计

下面将制作片头雏形，涉及的知识点包括导入素材、新建字幕素材以及调整素材持续时间等。具体操作步骤如下。

Step01 打开 Premiere 软件，新建项目和序列。执行"文件"|"导入"命令，在打开的"导入"对话框中选中本章素材文件"背景 .mp4"，完成后单击"确定"按钮，导入效果如图 11-1 所示。

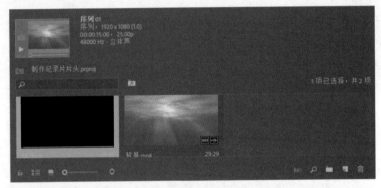

图 11-1

Step02 在"项目"面板中选中素材"背景 .mp4"，将其拖曳至"时间轴"面板中的 V1 轨道上，如图 11-2 所示。

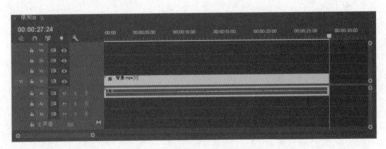

图 11-2

Step03 选中 V1 轨道中的素材，右击鼠标，在弹出的快捷菜单中选择"速度 / 持续时间"命令，打开"剪辑速度 / 持续时间"对话框，设置"持续时间"为 15 秒，勾选"保持音频音调"复选框，如图 11-3 所示。调整效果如图 11-4 所示。

图 11-3

图 11-4

Step04 执行"文件"|"新建"|"旧版标题"命令，打开"新建字幕"对话框，保持默认设置后单击

"确定"按钮，打开"字幕"设计面板，使用矩形工具绘制矩形，如图 11-5 所示。

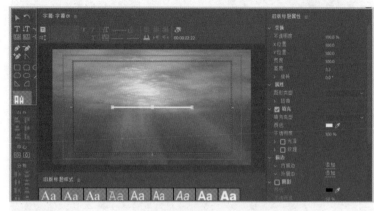

图 11-5

Step05 再次执行"文件"|"新建"|"旧版标题"命令，在"字幕"设计面板中输入文字，并调整属性参数，如图 11-6 所示。

图 11-6

Step06 使用相同的方法，继续创建字幕素材，如图 11-7、图 11-8、图 11-9 所示。此时，"项目"面板中素材如图 11-10 所示。

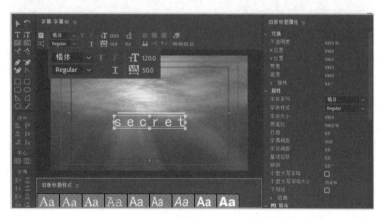

图 11-7

图 11-8

图 11-9

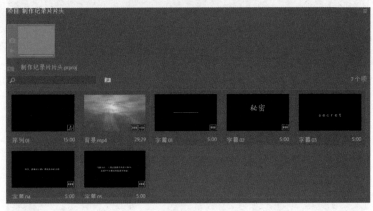

图 11-10

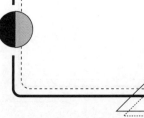

Step07 在"项目"面板中选中"字幕 01",将其拖曳至"时间轴"面板的 V2 轨道中,移动起始位置至 00:00:02:00 处,如图 11-11 所示。

Step08 选中 V2 轨道素材,右击鼠标,在弹出的快捷菜单中选择"速度 / 持续时间"命令,打开"剪辑速度 / 持续时间"对话框,设置"持续时间"为 7 秒,效果如图 11-12 所示。

Adobe PremierePro CC 课堂实录

Step09 在"项目"面板中选中"字幕 02"，将其拖曳至"时间轴"面板的 V3 轨道中，移动末端与 V2 轨道素材一致，如图 11-13 所示。

Step10 在"项目"面板中选中"字幕 03"，将其拖曳至"时间轴"面板的 V4 轨道中，起始位置与 V3 轨道素材一致，如图 11-14 所示。

Step11 在"项目"面板中选中"字幕 04"，将其拖曳至"时间轴"面板 V2 轨道"字幕 01"的末端，如图 11-15 所示。

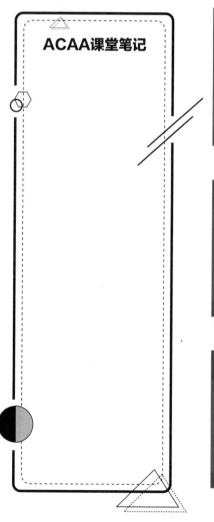

ACAA课堂笔记

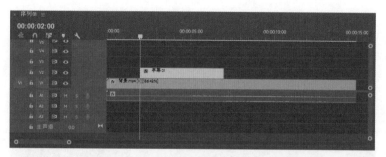

图 11-11

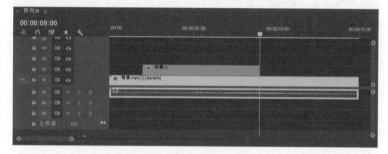

图 11-12

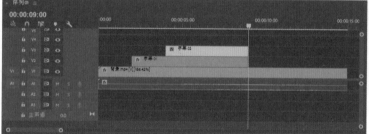

图 11-13

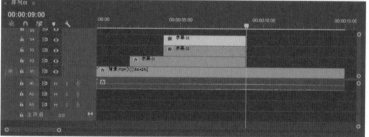

图 11-14

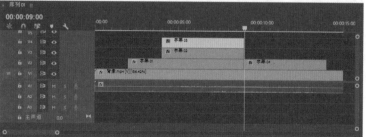

图 11-15

Step12 选中 V2 轨道中的"字幕 04"素材，右击鼠标，在弹出的快捷菜单中选择"速度 / 持续时间"命令，打开"剪辑速度 / 持续时间"对话框，设置"持续时间"为 2 秒，效果如图 11-16 所示。

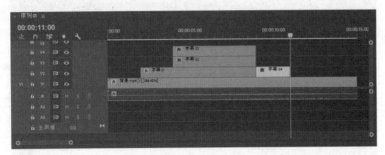

图 11-16

Step13 在"项目"面板中选中"字幕 05"，将其拖曳至"时间轴"面板 V2 轨道"字幕 04"的末端，如图 11-17 所示。

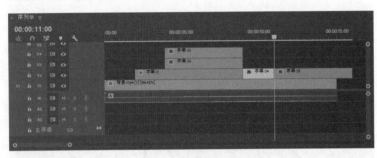

图 11-17

Step14 选中 V2 轨道中的"字幕 05"素材，右击鼠标，在弹出的快捷菜单中选择"速度 / 持续时间"命令，打开"剪辑速度 / 持续时间"对话框，设置"持续时间"为 3 秒，效果如图 11-18 所示。

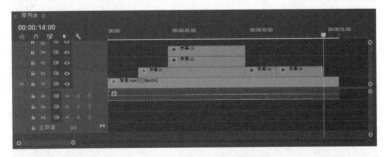

图 11-18

此时，素材已经全部导入至"时间轴"面板中，完成片头雏形的制作。

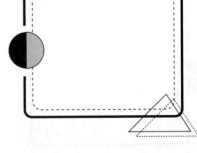

11.2 视频效果的添加

本节将为"时间轴"面板中的素材添加效果与关键帧，制作流畅动画。涉及的知识点包括添加视频效果、添加过渡效果、添加关键帧及蒙版等。下面将介绍具体的步骤。

Step01 在"效果"面板中搜索"裁剪"视频效果，将其拖曳至 V1 轨道中的素材上。选中 V1 轨道中的素材，移动时间线至 00:00:00:00 处，在"效果控件"面板中设置"裁剪"属性中的"顶部"和"底部"参数，并单击"顶部"和"底部"参数前的"切换动画"按钮，添加关键帧，如图 11-19 所示。

图 11-19

Step02 移动时间线至 00:00:02:00 处，调整"顶部"和"底部"参数，添加关键帧，如图 11-20 所示。

图 11-20

Step03 选中添加的关键帧，右击鼠标，在弹出的快捷菜单中选择"缓入"和"缓出"命令，平缓动画效果，如图 11-21 所示。

图 11-21

Step04 在"效果"面板中搜索"高斯模糊"视频效果，将其拖曳至 V1 轨道中的素材上，移动时间线至 00:00:07:12 处，在"效果控件"面板中单击"高斯模糊"属性中"模糊度"参数前的"切换动画"按钮，添加关键帧，如图 11-22 所示。

图 11-22

Step05 移动时间线至 00:00:08:12 处，调整"模糊度"参数，再次添加关键帧，如图 11-23 所示。

图 11-23

Step06 在"效果"面板中搜索"渐隐为黑色"视频过渡效果,将其拖曳至 V1 轨道素材末端,添加视频过渡效果,如图 11-24 所示。

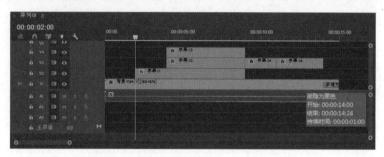

图 11-24

Step07 在"效果"面板中搜索"裁剪"视频效果,将其拖曳至 V2 轨道中的素材"字幕 01"上,使用相同的方法,分别在 00:00:02:00 和 00:00:04:00 处添加"裁剪"属性中"左侧"和"右侧"参数的关键帧,并设置缓入缓出效果,如图 11-25 所示。

图 11-25

Step08 在"效果"面板中搜索"交叉"视频过渡效果,将其拖曳至素材"字幕 01"末端,添加视频过渡效果,如图 11-26 所示。

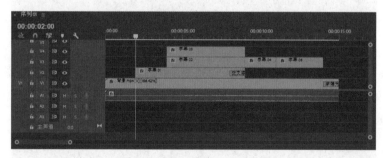

图 11-26

Step09 使用相同的方法,依次在素材"字幕 02"起始位置、"字幕 04"起始位置、"字幕 04"与"字幕 05"之间、"字幕 05"末端添加"油漆飞溅""交叉溶解""叠加溶解""百叶窗"视频过渡效果,如图 11-27 所示。

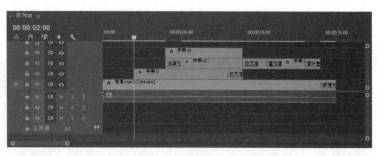

图 11-27

Step10 在"效果"面板中搜索"变换"视频效果，将其拖曳至 V3 轨道中的素材"字幕 02"上。选中素材"字幕 02"，在"效果控件"面板中设置"变换"属性中"位置"参数的关键帧，并设置缓入缓出效果，如图 11-28 所示。

图 11-28

Step11 单击"变换"属性下的"创建 4 点多边形蒙版"按钮■，在"节目"监视器面板中绘制四边形蒙版，如图 11-29 所示。

图 11-29

Step12 在 8 ～ 9 秒时间段中，"字幕 02"素材变换如图 11-30 所示。

217

图 11-30

Step13 选中 V4 轨道中的"字幕 03"素材，右击鼠标，在弹出的快捷菜单中选择"嵌套"命令，将该素材嵌套，如图 11-31 所示。

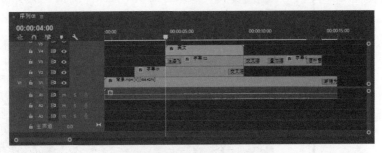

图 11-31

Step14 在"效果"面板中搜索"书写"视频效果，将其拖曳至 V4 轨道中的嵌套素材上，设置"书写"效果参数，如图 11-32 所示。此时，"节目"监视器面板中的预览效果如图 11-33 所示。

图 11-32

图 11-33

Step15 单击"画笔位置"参数前的"切换动画"按钮,添加关键帧,如图 11-34 所示。

图 11-34

Step16 按→键将时间线向右移动 2 帧,调整"画笔位置"参数,再次添加关键帧,如图 11-35 所示。此时,"节目"监视器面板中的预览效果如图 11-36 所示。

图 11-35

图 11-36

Step17 使用相同的操作,继续每隔 1 ~ 2 帧添加关键帧并调整"画笔位置"参数,保证画笔依次覆盖"字幕 03"中的字母,如图 11-37 所示为"效果控件"面板中添加的关键帧。"节目"监视器面板中的预览效果如图 11-38 所示。

图 11-37

图 11-38

Step18 在"效果控件"面板中设置"绘制样式"为"显示原始图像",移动时间线,即可制作出手写字母的效果,如图 11-39 所示为不同时间的变换过程。

图 11-39

至此,完成纪录片片头的制作。

11.3 **影片文件的输出**

本小节将输出影片，涉及的知识点包括导出设置等。具体步骤如下。

Step01 执行"文件"|"导出"|"媒体"命令，打开"导出设置"对话框，在"导出设置"选项卡中设置"格式"为 H.264，单击"输出名称"后的蓝色文字，打开"另存为"对话框，设置输出文件的名称和位置，如图 11-40 所示。

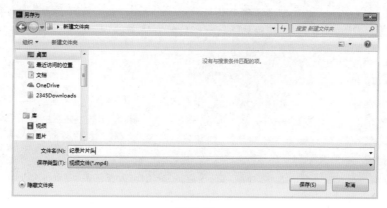

图 11-40

Step02 其余设置保持默认，在"导出设置"对话框中单击"导出"按钮，开始导出文件，如图 11-41 所示。

图 11-41

**ACAA课堂笔记**

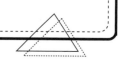

Step03 待进度条完成，即可在设置的文件夹中找到导出的视频，播放效果如图 11-42 所示。

图 11-42

至此，完成纪录片片头的制作与输出。

Adobe PremierePro CC 课堂实录